# 一玩就懂
## 50个趣味游戏助力
# 财商启蒙

代锡海◎著

中国铁道出版社有限公司
CHINA RAILWAY PUBLISHING HOUSE CO., LTD.

北 京

图书在版编目（CIP）数据

一玩就懂：50个趣味游戏助力财商启蒙 / 代锡海著. — 北京：中国铁道出版社有限公司，2023.9
ISBN 978-7-113-30273-3

Ⅰ. ①一…　Ⅱ. ①代…　Ⅲ. ①财务管理—儿童读物
Ⅳ. ① TS976.15-49

中国国家版本馆 CIP 数据核字（2023）第 097775 号

**书　　名：** 一玩就懂——50个趣味游戏助力财商启蒙
YI WAN JIU DONG：50 GE QUWEI YOUXI ZHULI CAISHANG QIMENG
**作　　者：** 代锡海

---

**责任编辑：** 马慧君　　**编辑部电话：**（010）51873005
**编辑助理：** 荆然子　　**投稿邮箱：** zzmhj1030@163.com
**封面设计：** 仙　境
**责任校对：** 苗　丹
**责任印制：** 赵星辰

---

**出版发行：** 中国铁道出版社有限公司（100054，北京市西城区右安门西街8号）
**网　　址：** http://www.tdpress.com
**印　　刷：** 北京联兴盛业印刷股份有限公司
**版　　次：** 2023年9月第1版　2023年9月第1次印刷
**开　　本：** 880 mm×1 230 mm　1/32　**印张：** 7.25　**字数：** 150千
**书　　号：** ISBN 978-7-113-30273-3
**定　　价：** 58.00元

---

# 序言

当我们谈论孩子的成长和教育时，往往会聚焦在学习知识、发展才能和塑造品格等方面。然而，我们是否曾考虑过将财商教育纳入孩子的成长教育体系呢？在当今日益复杂和多变的世界中，培养儿童的财商变得愈发重要。

我们可以看到，这几年有关儿童财商思维的书籍犹如雨后春笋般，出现了不少优秀的作品。不过，我们在儿童财商教育领域还处于摸索前进的阶段。

我向孩子普及财商知识时，一直在思考，除了便于孩子理解的理论知识之外，有没有更多的财商游戏，能够寓教于乐，让孩子在玩游戏时，无形中习得了财商知识？

在日常写作的过程中，我渐渐萌生了一个想法，希望写一本能够让孩子边学边玩的书，可以超越时间，让不同年龄阶段的孩子，都可以持续参与进来。于是，最终有了这本书。

本书是一本专注于儿童财商能力培养的入门书籍，适用于 3 岁至 12 岁的孩子，旨在通过亲子互动游戏的方式提高孩子的财商水平。我们坚信，通过早期的财商教育，孩子们将能够更好地理解和管理金钱，从而为他们的未来打下坚实的基础。

这本书让你体验50个精心设计的财商游戏，这些游戏既寓教于乐，又具有现实意义。孩子们将通过参与各种活动，如模拟购物、理财决策、投资与回报等，了解金钱的价值和运用方式。这些游戏不仅能够培养孩子们的财商能力，还能锻炼他们的逻辑思维、决策能力和团队合作精神，使他们在游戏互动中成长。

每个游戏都配有详细的说明和提示，以帮助父母引导孩子学习。我们鼓励家长与孩子们一同探索这些游戏，并以他们的个人经验和观察为基础，进行有益的讨论和反思。

在本书撰写的过程中，我对多个朋友做了访谈，从他们那里获得了真实宝贵的素材，对我有很大的启发。一些游戏，也得益于网友们的群力群策，最终呈现出来一个完整的状态。这里一并向各位年轻的妈妈和爸爸表示由衷的感谢。

祝愿每一个孩子都能成为高财商的决策者和成熟的财务管理者！

代锡海

2023年6月

# 目录

第三章

第四章

# 第一章 父母与孩子必学的人生财富课

在孩子的成长过程中，学会如何赚取物质财富是重要的技能之一，因为这是生存的基础。通常情况下，多数人是按照这样一个固定路径行进：学习结束后，投递简历求职，找到一份工作，或者是去创业。影响获取物质财富多少的因素中，除了专业技能、运气等，还有导致收入不同的一个很重要的原因——思维方式的差异。有的人喜欢在专业上做到极致，有的人会在工作之外谋求更多的兼职收入，而有的人早早就开始了自己的创业之路，还有人通过炒股等理财手段获得了自己人生的第一桶金。

古语有言："授人以鱼，不如授人以渔。"对于多数普通家庭来说，父母可能无法保证留给孩子足以保障生活无忧的财富，却可以帮助孩子通过本书中趣味化、游戏化的互动，逐渐形成赚取财富的多样化思维方式，让孩子在成长的道路上受益无穷。

## 第一节 你是否也有相似的经历

每逢周末，很多家长经常会带着孩子去超市购物，顺便再去商场逛逛，最后为自己买几件新款的衣服，或是心仪已久的包包。

我们推着购物车，孩子开心地坐在里面，径直走进了琳琅满目的超市。如果稍加留意的话，在孩子与家长之间，经常会出现这样一个情形：

“妈妈，你看你看，佩奇在那里。”

“哎呀，我们之前不是买过了吗？不能总买佩奇呀。”

你早已做好了准备，从孩子的第一个问题开始，便开启了防御模式，但仍然保持着正常的语气。

“妈妈，妈妈，你看那个是什么呀？”孩子兴奋地指着柜子里一个造型怪异的蛋糕。

“这个应该是脏脏包，看起来有点脏脏的感觉。”你之前还没有吃过这个网红蛋糕，只好用不太确定的语气回答。

“妈妈，什么是脏脏包呀？这个是什么味道啊？它好吃吗？”

这个时候，面对孩子一连串的问题，你一边在想要怎么解释明白，一边又立马警觉起来，知道孩子又要买东西了。

“哎呀，这个太甜了，不适合小朋友吃，对你的牙齿不好。”

你抢先一步下手，堵住了孩子可能的要求。

“妈妈，我想吃脏脏包，我就想吃脏脏包。”孩子已经听不进去其他的，嚷嚷着就要买脏脏包，无论你怎么解释。

面对孩子可怜的表情，一旁的爸爸不忍心，心软下来要给孩子买一块儿。然而，你已下定决心，于是使出必杀技，拉着购物车赶紧离开蛋糕柜。

在后面的购物时间里，仍然可以不时听到“不可以”“家里的玩具太多了”“再吃糖，你的牙齿就坏掉了”等带有呵斥与拒绝的声音。

想一想，这样的场景，我们是不是会经常遇到？或者，这就发生在我们大多数人的身上？

我们为什么会拒绝孩子各种各样的要求？因为我们支付不起吗？

不是。

显然，在我们很多家长看来，最重要的是希望孩子不要乱花钱，还可能认为这些零食对孩子的身体不好。

“我这么做，是为了你好啊，孩子。”在我们的潜意识里，总会有这样的一种想法，支撑着我们做决定。

这么做，真的对孩子好吗？

答案是未必。这样一种处理方式，显然是最简单、最粗暴的解决方式，不但会打击孩子对于新鲜事物的好奇心，也错失了一次财商启蒙的良好机会。

殊不知，每一次的超市购物，都是一堂绝佳的财商启蒙实践课。

从认识价格标签、计算优惠折扣、商品价格对比，再到思考存钱计划和结算付款，这些我们习以为常的与钱有关的行为，对于孩子来说，都有着莫大的吸引力。

如果孩子再大一点，我们可以再深入探讨一下：

为什么时令水果蔬菜，冬天的价格就要贵很多？

为什么全场五折优惠，结算时支付的却不是一半的价格？

为什么超市的食品与生活必需品，都要放到最里面的位置？

为什么我们随手可以拿到的商品，价格都不是最便宜的？

超市里蕴藏了很多的经济学现象，我们虽然可能没有学习过经济学，但是也能说出个所以然。

可是，我们为什么不愿意抓住每一次机会，对孩子进行财商启蒙呢？

对于这个问题，我采访了多位家长，有企业高管、金融从业者、媒体人、创业者、全职妈妈、公务员、上班族等，他们的答案五花八门，但是很多的回答又是那么相似。

从他们的回答中，我归纳了一些原因，会在后面深入聊聊。

好了，我们再回到前面的购物旅程。当购物即将结束时，你为了弥补一下孩子，买了一个并非孩子当初最想要的，但是符合你自己标准的商品。

你的内心，已经没有了丝毫的歉疚感。

当一家人结束超市购物出来之后，你的目光开始被商场里的衣服所吸引。看了看价格标签，内心认为稍微贵一些，可是在试穿之后，你真的很喜欢。

单纯的孩子，在一旁忍不住随口夸赞“真好看”，你便欢喜地买下。

在回家的路上，孩子忍不住问了一句：“爸爸妈妈，为什么你们可以想买就买，我就不能买自己喜欢的东西呢？”

面对这样直击心灵的问题，我们纵然感觉有些尴尬，可还是会有理由：“因为你还小，等你长大赚钱了，你就可以买自己喜欢的了。”

孩子听了略感失望，心想自己什么时候才可以长大。

“可是，我的存钱罐里还有钱。”孩子又问了起来。

这个时候，我们很多人仍有足够多的说辞去回答孩子：“你的存钱罐，爸爸妈妈帮你保存，等你长大了，都给你。”

孩子信以为真地点点头，似乎想要继续问什么，这时，你赶紧转移话题，算是彻底结束了孩子无穷的追问。

对于孩子来说，一次次的提问是出于好奇，也可能感觉非常好玩。但是对于成人来说，被孩子反复提问相同的问题，可能就变成了一种折磨。

还有一些其他类似的情况，比如当孩子对于数字和加减法刚有认知时，你想要教会他卖东西找零钱，借此练习一下10以内的加减法。

当你拿10元钱，假装在他那里买了一个3元钱的冰激凌时，他非要找你5元钱。你跟他解释了一遍又一遍，除了一张5元，还得再加2张1元钱。可实际中，他可能还是会忘记，下次不是少了1元钱，就是少了5元钱。

这样的事情，在我们的生活中，并不少见。

每当我们将要暴跳如雷时，不妨做一个小实验，可以让我们的家人提前准备好手机，随时把这个你发飙的“名场面”录制下来，然后回放给你看。

你细细品味，有没有像是另外一种情形？那就是你在职场犯了错误时，你的上司、老板或者是你的客户，发脾气对你训斥的样子。

被训斥时，你不好受。同理，孩子也会不好受。

事实上，如此焦躁的背后，其实折射出了我们在孩子财商启蒙上所面临的困境——财商启蒙的不足与有效方法的缺失。

## 第二节 孩子最缺失的两大启蒙

要说孩子们长期缺失的两大启蒙，相信很多人都会给出这两个答案：一个是性启蒙，一个是财商启蒙。

一直以来，对于这两个话题的讨论，多少呈现出两个极端，前者带有某种焦虑式的刻意渲染，后者却是鲜有人讨论。

对于“80 后”和“90 后”的父母来说，多数人赶上了高校扩招，都有机会受高等教育，这也促使我们不自觉地重视起教育来。因为我们是高等教育普及的受益者。

即使一些人没有受过高等教育，在当今这个环境之下，很多人也都会从心底里重视孩子的教育。

对于孩子的教育，甚至在无形中掀起了一场比拼的浪潮。有一个词对于这个现象形容得十分贴切——“鸡娃”。

顾名思义，“80 后”和“90 后”们在给自己“灌鸡汤、打鸡血”的同时，也在不断把这种方式加在孩子的身上。

各种补习班，各种兴趣班，其密集程度和强度，丝毫不亚于大型互联网公司流行的“996”加班制（早上 9 点上班，晚上 9 点下班，一周工作 6 天）。

说句扎心的话，孩子们这种繁忙的程度，比家长们在职场更甚。原因大概在于，职场的向上空间存在一定的限制，可孩子的一切，还是未知。所以，为了更好的明天努力，家长们心里就会认为是值得的。

我身边有很多的同事或者前同事，都是比我优秀得多的职场人士。这些年来，他们 / 她们逐渐加入了“鸡娃”的大军。

无论是在精力上还是财力上，这一届家长，在孩子的教育投入上，实在是太拼了。

可是，在孩子的财商教育上，有相当多的人却还是停留在空白，或者从未真正重视的阶段。

我的一位朋友，夏女士，我想和大家分享一下她的经历。

夏女士曾经就职于国内知名互联网公司，是典型的互联网精英。我们曾经共事过一段时期，在工作期间，同事们私下里都会喊一声“强”，不仅是因为她曾求学于某知名高等学府，在工作上，她的业务能力同样非常突出，而且善于向周围更优秀的人学习。

这是夏女士的第一个标签。后来，她生了孩子，身上又多了一个标签——“学霸妈妈”。

夏女士每逢空闲时间，就和无数的妈妈一样，会带着孩子去上各种补习班。

要知道，在我写下这段文字的时候，她的孩子才4岁多。但是，她家的小朋友已经有了很不错的英语口语能力，即使与外国人聊聊自己的职业理想，也都能够清晰表达。

可以看出，孩子也继承了夏女士学霸的基因。

面对这样一位优秀的互联网精英，当我问及是否给孩子进行过财商启蒙，她笑了笑，用很肯定的方式回答我：几乎没有。

她说，曾经有一段时间，她带着孩子参加完补习班之后，会给孩子10元钱，让孩子自己去买10元钱以内的东西。

这大概是仅有的一次所谓财商启蒙。

我知道，她家的小朋友已经上了多个培训班。我十分好奇，问她为什么没有对孩子进行财商方面的启蒙。

她想了想，认为大概可以总结为以下几点原因：

首先，财商启蒙不是最迫切的需求。

这应该是我们很多家长的真实写照。和英语、数学补习班以及各种兴趣班相比，财商启蒙的确不是最迫切的。因为无法像其他培训班那样，成绩可以立竿见影。也许，等到孩子大一点再培养，也不晚。

其次，自己缺乏理财的意识。

夏女士十分坦诚地讲，她自己几乎没有什么理财意识，只是跟着其他人买过基金，还是那种“傻瓜式”购买，别人怎么买，她就怎么买。

再者，没有掌握更好的办法。

《富爸爸穷爸爸》和《小狗钱钱》这两本读物，是夏女士的启蒙读物，书中的一些观点至今仍然在影响着她。她给我讲了几个例子，例如汽车是消耗品，因此，她一直没有购买汽车，日常以打车为主。一些知识碎片影响着她的理财观，但是她认为，在对孩子的财商启蒙方法上，还是缺少太多。

上面这几点原因，让我感触最深的，莫过于“财商启蒙不是最迫切的需求”这个理由，这可能也是无数家长共同的心理。

这些职场精英们尚且如此，其他人呢？

## 第三节 财商启蒙，有必要那么早吗

每当我们讨论孩子教育的时候，就会发现一个现象，那就是早早进行。

当孩子刚刚到 2 岁的时候，我们就有很多的家长，着急把孩子送去早教班。然后，孩子学会了见人就打招呼，父母们很开心，认为孩子真的是学到了，比在家里自己教育得好，这个钱花得太超值了。当孩子再大一点的时候，除了通常的补习班外，比如舞蹈、STEAM（Science 科学、Technology 技术、Engineering 工程、Art 艺术、Mathematics 数学）、跆拳道、编程等各种兴趣班也马力全开。

早早把孩子送去各种培训班，有的家长是因为周围朋友都这么做，自己也被迫这样做；还有一部分的家长，目的非常明确，就是不能让孩子输在起跑线上。

面对这种情形，我们时常也会发出一个大大的疑问：真的有必要那么早吗？

好了，除了刚才前面说的这些，又多了一个“财商启蒙”。

然后，我们再次反问：财商启蒙，也要早早进行吗？

相信很多人看到这里之后，心里一定会想：你的答案就是要趁早吧？

这样想的朋友，恭喜你：答错了。

如今，随着儿童财商启蒙这个话题逐渐升温，不少家长已经意识到孩子财商启蒙的重要性。除了一些相关方面的绘本之外，还有各种各样的体验课程也已经开始出现。

这些课程的用户们，无不呈现出低龄化的特点。

但是要知道，财商启蒙不是一蹴而就的事情。财商启蒙不是那种补习，成绩一下就会立竿见影，而是伴随着我们每个人一生成长的一个循序渐进的过程。

等等，刚说到这里，可能又有人要说：我们这些成年人，大部分也都是工作后才开始自学理财的。

其实这是最大的一个误区，即，很多人习惯于把财商启蒙与理财画等号，把对孩子进行财商启蒙的这个事儿当作教孩子理财。

事实上，财商启蒙真正要解决的是两个问题：一个是教会孩子如何科学地花钱，一个是教会孩子如何树立理财意识。

在孩子成长的过程中，教会孩子如何科学花钱的重要性，甚至远远超过了教会孩子如何树立理财意识。

只有孩子知道如何科学地花钱，才能形成良好的消费观，才不至于为物质所迷惑，否则，会在以后的成长阶段里，出现各种的问题。

对于我们大多数成年人来说，要想解决这些问题，往往主要是依靠自律。可是，这种自律的支撑基础，除了强大的意志力之外，再无其他。

如果我们能够在少时的成长阶段不断接受科学消费观念的灌输，这种理念就会深深植入我们的内心。

当消费欲望燃起时，我们的大脑就会在第一时间形成反射：理性消费，冷静！冷静！

纵然消费欲望难以扑灭，你也可以做出更正确、更适合的选择。

先解决了孩子的消费问题，孩子的理财学习问题，便也会水到渠成。

在我身边的朋友中，有家庭因为帮助孩子形成了一个良好的消费习惯，之后孩子在理财方面所展露出的能力，甚至让家长们刮目相看。

哎呀，那问题也来了：孩子会不会成为一个“守财奴”“吝啬鬼”？

这种担心几乎没有必要。孩子学会了花钱，便会知道怎样把钱花在刀刃上。难道，一个知道怎样把钱花在刀刃上的“守财奴”，同时又会赚钱，不好吗？

因此，在儿童财商启蒙要不要趁早这个问题上，答案是：我们只要循序渐进，尊重孩子的成长规律，保持平和的心态，就足够了。

## 第四节 我们能够成为合格的启蒙导师吗

前面说了一大堆的道理，但是每当我和身边的朋友们聊起儿童财商启蒙这个话题时，总会有人发出一声长叹：“我自己到现在还是一个理财小白呢，拿什么来辅导孩子呢？”

这个回答，会立刻让身边的人产生共鸣。几乎是在同时，大家开始感慨起自己“光荣”的过往：“你知道吗？之前我一听到基金这个词，就感觉特别的高大上。”

“刚开始买股票那会儿，买完就开跌，卖了就涨，简直崩溃死了。”

“以前把钱放理财产品里，还不如放银行，有利息还安全。”

对于很多的“80后”和“90后”来说，炒股买基金的经历多是在工作之后，而且是在付出了不菲的学费之后，才掌握了入门的路径。不知道在股市里投入了多少的真金白银，才换得如今这般久经沙场的荣辱不惊。

现在的“95后”和“00后”，在互联网和短视频浪潮之下，见多识广。据我所知，这几年，有很多的大学生在学校就开始创业，成绩颇丰。

然而，问题来了：当孩子还小的时候，我们总不能去教孩子炒股买基金吧？

答案当然是不能。

既然这也不能，那也不能，那我们该教孩子什么呢？

这是一个近乎灵魂拷问的问题。是啊，在财商启蒙这件事上，我们都能教给孩子什么呢？单纯依靠课程或者绘本，能够解决吗？

要知道，儿童财商启蒙和其他的一些启蒙有所不同，后者往往都有非常专业系统的课程，前者多是把成人学习的专业知识，转换为儿童的语言灌输给孩子。

可是，这并未真正符合孩子的学习习惯与成长认知。

最理想的解决途径是什么？

在我看来，没有一劳永逸的事情。如果没有理想的解决途径，可以试着去创造一种理想的状态，那就是寓教于乐，让孩子在游戏中、在生活中，慢慢接受财商启蒙的熏陶。

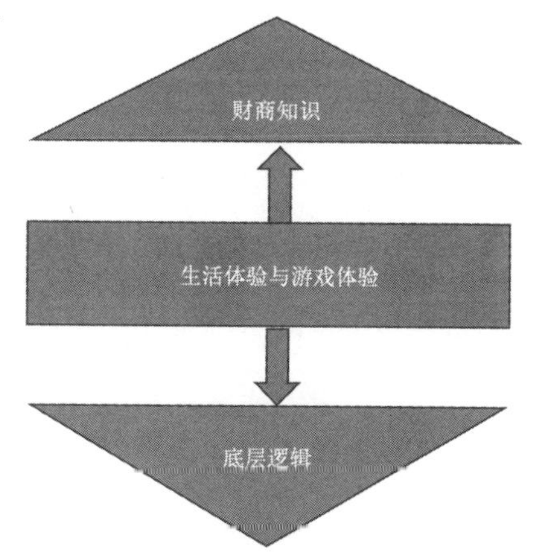


我们看一下右边这个示意图，就会比较清晰。

有关儿童财商启蒙的生活体验与游戏体验，应占据孩子获得知识的最主要部分，也应该是贯穿财商启蒙的核心主线。

在持续的生活体验与游戏体验中，一方面可以为孩子铺垫起个人财商的底层逻辑，这个底层逻辑非常重要；另一方面，孩子在生活与游戏的过程中，会逐渐掌握越来越多的财商知识。

对于很多人来说，童年的很多事情可能都会忘记，唯独关于游戏的记忆不易忘记。

所以，孩子们在游戏中与生活体验中获得的财商知识，必定会在心里形成深深的烙印。

这也是本书写作的初衷。财商启蒙不是学习枯燥难懂的经济学原理，也不是仅仅学习书本上的理论知识，而是可以通过游戏化的方式，让孩子在参与体验中获得感悟。

对于家长而言，也无须担心是否具备专业的知识，有没有丰富的理财经历，在与孩子互动的过程中，不仅能够启发孩子，也能够促进自身财商能力的提升。

此刻，已经看到这里的你，估计现在就想翻到后面，快速掌握那 50 个游戏活动案例。

等等，别着急。心急吃不了热豆腐，在你准备翻到后面之前，不妨先了解一下儿童财商启蒙容易陷入哪些误区，应该遵守哪些原则。

# 第二章 财商启蒙的五大误区与五个原则

在日常生活中，做很多事情时，由于认知存在盲区或者惯性使然，我们很多人经常会陷入一些误区。更何况儿童财商启蒙这样复杂的事情，可能很多人的脑海中都是一片空白，陷入某种误区也是在所难免。

接下来，除了要说的误区之外，还有家长们应该要遵守的原则。

有一句大家都非常熟悉的话，叫“君子爱财，取之有道”。与钱打交道，必然要遵守一定的原则，儿童财商启蒙也不例外。

先来说说，财商启蒙中的五大误区。

## 第一节 频繁在孩子面前网购

使用手机购物，这在我们的生活中已经是极为普遍的一件事情，就和我们的一日三餐一样，都已经养成了习惯。一日三餐可以有固定的时间，而刷手机购物，几乎是随时随地，在任何时间和任何地点。

在有了孩子之后，我们很多人依然会用手机购物，为孩子和家里购置玩具和生活用品。

如果你决定对孩子进行财商启蒙教育，我的建议，第一件事情，就是先避免陷入这种在孩子面前频繁使用手机购物的误区。

有人可能产生疑问了："现在手机购物这么普及，不可能不用手机购物啊，我们使用手机网购和日常在超市购物，没有什么区别吧？"

我相信，很多人看到这里的时候，脑海中第一时间也会冒出这个想法。

如果你仔细注意我的话，就会发现，我使用了"频繁"两个字：不要频繁在孩子面前网购。这种行为会给孩子带来几个方面的错误暗示。

第一是会让孩子误认为，有一部手机，就可以购买任何想买的东西。

这一点，我有着深刻的教训。现在回忆起来，还都不免长叹一声，因为我后来用了很长一段时间，才把孩子的这个想法纠正过来。

我家小朋友刚刚3岁的时候，那段时间我经常会在吃完晚饭后往沙发上一坐，开始为孩子挑选各种玩具。

至于为何频繁给孩子买玩具，主要还是出于“补偿”的心理吧。因为我之前经常工作到很晚才回家，等回到家中时，孩子已经入睡。而第二天早上，孩子还没有醒过来，我就已经离开家里。

带着这种亏欠的心理，我那段时间频繁给孩子买各种玩具。甚至还会让孩子看一看手机上的玩具照片，征求一下他的建议，看他是不是喜欢。虽然他没有明确的喜欢与否的观念，但在我看来，这是我对孩子的尊重。

现在想来，这种行为实在是得不偿失。

等到孩子再稍微大一些的时候，已经对“买东西”这种行为有了认知，就会不时地要求我或者妈妈给他买其他玩具。

在他看来，你们可以用这个神奇的东西，轻松点击几下，就能够买到玩具。

“为什么不给我买啊？为什么不给我买啊？”每当我或妈妈试图给孩子讲道理时，他就会不断重复这样的疑问。

起初，看到孩子十分委屈、泪眼婆娑的样子，心想：“哎呀，不就是一个玩具吗，再买一个也无妨。”

如果你和我有一样的想法，那可能你也正陷入误区。

只要你一松口，孩子就会再次意识到，手机这个神奇的东西，真的可以买任何自己想买的玩具。

这个阶段，孩子还不知道钱为何物，钱到底是怎么来的。他的潜意识里却认为，反正有了这个神奇的手机，爸爸妈妈就可以给我买玩具。

这种错误示范行为，还会带来另一种负面影响，那就是养成孩子看手机的习惯。

对于智能手机的使用，现在的孩子几乎都是无师自通。他们早早就学会了使用智能手机。

我家小朋友在 3 岁半到 4 岁的时候，格外喜欢看手机，有时甚至会趁我们不注意，偷偷把放在桌子上的手机拿起来，一个人就安静地看起来。

这种习惯的养成，一个原因是妈妈看短视频时，他也在旁边跟着看，好笑的视频深深吸引着他；另一原因，就是此前频繁用手机购物，从模仿大人使用手机到被内容深深吸引，孩子就是这样一步步沉迷于手机不能自拔。

## 第二节 向“难缠的要求”妥协

包括我和一些身边的朋友在内，很多人在面对孩子无理的要求时，经常妥协。

如果家长没有正确引导，孩子就会很习惯提出一些难缠的需求。典型的表现就是购物，一定要买自己想到的东西。

不给我买？好，那我就撒泼打滚，号啕大哭。回想一下那些“名场面”的发生，当我们与孩子对抗失败，或者被迫无奈，只好接受了他们的要求。

在我的采访对象之中，有一位宝妈，她讲了自己的经历，让我印象深刻。有一段时间，她和她的老公带着孩子，三人经常一起去购物。

孩子迷恋上各种各样的动漫卡片，看到自己没有的就想买。因为家里已经积累了很多的卡片，并且孩子在玩完卡片之后，会把卧室弄得十分凌乱。

所以，当孩子再次提出购买卡片的要求之后，她明确拒绝，表示不可以再购买。

无论孩子怎么样请求，这位宝妈就是不答应。孩子看还不奏效，这个时候几滴眼泪就开始含在眼睛里，并将目光看向爸爸。

一向心软的爸爸，就会说："没多少钱的东西嘛，给孩子买了吧。走，妈妈不给买，爸爸给你买。"

当这位爸爸说出这句话时，所有的努力，全都白费了。

无论妈妈怎么说，有什么理由不给买，都已经难以阻止孩子了。因为孩子知道，有了爸爸做后盾，就一定会给自己买的。

这个例子的问题，很明显出在了家庭教育的方式上，夫妻两个人没有达成共识，以至于教育效果打了折扣。

夫妻一方在教育孩子的过程中，应以一个人的意见为主。如果另一方面有异议，尽量不要当着孩子的面来驳斥。

就像这位宝妈的老公，做了一个极为错误的示范，孩子下次可能仍然会提出各种各样的购买需求。

好在二人达成共识，最终化解了孩子一次次难缠的要求。

## 第三节 过分节约与过度放任

有一个观点，叫"富养女儿穷养儿子"。

实际上，现在年轻的父母们，无论是对于女儿还是儿子，从来不吝啬在孩子身上花钱。这逐渐已成为一种趋势。

对于孩了，我们从来不吝啬投入。究其根源，除了升学压力等因素之外，还有一个最为重要的原因，那便是和自己童年的经历有莫大的关系。

这让我想起一个发生在2018年的新闻事件。

在江西南昌的地铁上，一个孩子不小心把地铁票弄丢，结果这位妈妈在地铁上，对自己的孩子不断斥责。而孩子本能地往后缩，周围的乘客也都给吓到了。

这还没有结束，等到出了地铁站，这位妈妈依然十分生气，再次训斥孩子。

根据新闻的报道，这位妈妈之所以如此生气，是因为她是单身母亲，而且每个月的工资不多，生活较为拮据。

这5元的地铁票，在旁人眼里是很小的一个金额，可是对这位母亲来说，那的确是一笔“不小”的数目。站在这位妈妈现实生活的立场，如此不妥的举措，固然无法指责太多。但是对于孩子而言，心里一定会产生非常大的影响。

小小的心灵里，已经记住了童年的艰辛，记住了金钱的紧缺，将来长大后的行为，往往会形成两种情况：要么是容易过度节俭，要么是在缺失的那个方面过度痴迷放任。

我童年的一次经历，便属于后者的情况。

东北的冬季格外寒冷，白天通常零下十几度到零下二十几度。在外面多待一会儿，人都会被冻得不停颤抖。

在我上小学时，某一个周末，随着爸妈一起去城郊的集市卖自家产的大米。

那天直到下午，所有的大米才卖完。

记忆中，当时的我又冷又饿。而距离我们卖大米摊位的不远处，有一位卖冷面的阿姨。

冷面在夏天时可以凉着吃，在冬天时可以热着吃。在寒冷的天气里，热腾腾的面香飘过，把我身体里的馋虫勾了出来。

我清晰记得，那一碗面的价格是2元。当时，爸妈卖大米总计卖了几百元。

我想，卖了这么多钱，吃一碗冷面总该是可以的吧。于是，我提出想吃冷面的想法。

谁料，爸妈拒绝了我的要求。

我没有任何的哭闹行为，只是乖乖地听话，在深吸了一口面香之后随爸妈离开。等到长大之后，每每遇到冷面，我总是控制不住自己，都要去吃一口。

对于多数的“80后”和“90后”而言，可能或多或少也会有类似的童年经历。这对于我们成家立业之后如何教育孩子，也会有很大的影响。

过分节约可能带来多种后果，如形成恋物，只计较眼前利益；而过度消费，可能导致更为严重的后果，可能会失去对金钱的把控能力，消费无所节制。

无论是哪一种情况都不利于孩子的财商启蒙，把握好度最为重要。

## 第四节 形式上的商业实践

在过去几年的时间里，社会上掀起了一股创业的浪潮，尤其是互联网行业的创业者，更是多如牛毛。

在这样的氛围之下，年轻一代的父母们，也开始鼓励孩子们去尝试一些商业上的实践活动。

而摆地摊，是商业实践里门槛最低的。

我自己因为喜欢收藏古籍和旧书，结识了一些拥有相同爱好的“书友”。其中的一位书友姓张，比我大几岁，我习惯称呼他为“张哥”。

张哥家的孩子浩浩，当时正在上小学五年级。暑假时，张哥想要锻炼一下浩浩接触社会的能力，顺便培养一下孩子的商业实践能力，便提议让浩浩约上两个同学，展开一次为期3天的摆摊行动。

这个提议，在浩浩看来，既能和同学一起，又能赚钱，于是非常爽快地答应。

卖什么呢？自然是一些旧书。张哥把自己看过的部分旧书贡献出来。

摆摊位置选择在了距离小区门口一处很近的十字路口。那里每到傍晚，过往的人流量还不算小。

张哥把大部分书的价格统一定为 5 元，方便孩子售卖。唯有 4 本较好的书籍，设置了相对较高的价格，其中两本价格定在了 15 元，另外两本价格定在了 20 元。

这样做的目的，就是考验一下孩子和购买者沟通的能力与议价能力。

一切准备妥当，3 个小朋友就正式开启了自己的商业实践。

刚开始，这3个孩子还都蛮认真，有人吆喝几声，有人介绍有什么书籍，另外一个负责看管。

不过，驻足停留的人寥寥无几。过了一个小时，还未销售出去一本书。

大概是过了兴奋的劲头，3个孩子开始拿出手机，各玩各的。

在远处盯着的张哥，将这一切都看在眼中。

第一次出摊，3个孩子取得了零战绩。第二天再次出摊，还是一无所获，孩子们仍然继续玩手机。

直到第三天，也就是摆摊计划的最后一天，张哥才和浩浩3人认真进行了沟通，指出3人存在的问题，并承诺卖出的钱，可以由3人支配。

或许是意识到了自己的问题，或许是在金钱的驱动下，浩浩和他的两位同学全程主动了起来，第三日终于成功售出了10本书，收入达到了50元。

这中间还发生了一个小插曲，3人围绕着50元如何分配的问题，产生了分歧。有人想去吃麦当劳，有人想要买玩具，也有人想要买一些其他的东西。

最终，张哥在与孩子们沟通完之后，把这50元用来购买3本新书，送给每一个人。

3个孩子的摆摊经历，险些沦为走过场。如果只是为了摆摊而摆摊，缺乏对事务的投入，就很容易流于表面。

## 第五节 拒绝孩子的实习请求

对于很多的“80后”和“90后”来说，实习这件事，基本都是在上大学之后才开始的。

上大学之前，从小学到高中，基本都是在“象牙塔”里读书。家长们基本不会主动去让孩子前往公司实习。

能不能考上大学？考上后选择什么专业？那么早出去实习不影响学习吗？

诸如此类的问题，是很多家长最关注的。

毕竟在很长一段时间内，家长们的观念就是，学生的主要任务是把学习搞好，考上好大学，这是唯一的目标。要心无杂念，才能考上大学。

如果哪一个中学生或者高中生，向父母提出想要去公司参加实习，大概率要被否决。

在过去很长一段时间内，学生们被束缚在“象牙塔”里，与社会、与商业脱离。

这种做法，其实对于孩子的未来影响非常大，不但会影响孩子的职业选择观念，也会对于未来的个人“钱途”有重大的影响。

我有一个朋友“喜哥”，是浙江温州人，早年来北京做生意，身上带有温州人特有的经商气质。

从他对孩子的教育方式来看，早早接受孩子的实习请求，是他做过的一个非常正确的选择。

喜哥家的孩子，在高中假期，向他提出希望可以去一家公司实习。在询问了实习的工作内容之后，喜哥非常支持孩子的做法。

喜哥之所以支持，因为他已知道了孩子的奋斗目标。孩子一直对金融感兴趣，立志将来也要从事金融方面的工作。

这次实习的工作内容，与金融也有一定的关联。既然有公司可以提供一次宝贵的实习机会，喜哥自然是双手赞成。

高中毕业后，孩子去国外留学，所学专业是金融会计。在完成本科与硕士学业之后，孩子如愿以偿，进入了世界四大会计师事务所之一的德勤会计师事务所。

喜哥说，如果当初他拒绝了孩子的实习请求，可能也不会影响他的奋斗目标。而他尊重孩子的选择，无疑给孩子带来了更多的鼓励与认可，让他更加坚定地朝着目标前进。

说完五个误区之后，我们再来聊聊五个原则。看看您在孩子的财商启蒙过程中，是否有如下的问题出现。

## 一、别让孩子成为“守财奴”

在一次朋友聚会上，因为大家都有孩子，自然就把话题都转移到了孩子身上。

其中一个朋友大吐苦水：“我们家那孩子，怎么就那么抠门呢？这性格和我，还有他妈妈，都不像啊！”

听朋友这么一说，大家都笑了出来。

朋友家男宝已经9岁大，我暂且称呼这位小朋友巴克吧。根据朋友的描述，日常如果是和亲朋好友外出聚会游玩，巴克绝对不可以看到爸爸买单。

花别人的钱，没有任何的问题。要是花自家的钱，那坚决不可以。

朋友怎么也想不明白，孩子形成这样的性格究竟是什么原因。在座的朋友们七嘴八舌之后，似乎捋出了一点头绪。

原来巴克平时都由姥姥一个人带着。姥姥是亲戚们心中公认的过度节俭，即使自己已经有了不少积蓄，但是无论任何支出，都不愿意多花一分钱。

虽然姥姥对巴克这个外孙还不算太抠门，但除了偶尔给买过几件衣服之外，其他玩具和零食一概没有给买过。

由于长时间的相处，姥姥把自己的这种生活方式也传染给了巴克。巴克在和同学们相处时，很喜欢斤斤计较，这让一些曾经亲密的小伙伴，也渐渐疏远了他。

巴克的这个现象，也许不具有普遍性，但在我们的生活中，也的确有存在。

《富爸爸穷爸爸》这本书中就讲："金钱教育不是让孩子变成守财奴，而是给他健康的价值观引导，让他对金钱有认识。"

也许有人会说，让孩子节省点，没有什么问题吧？总比那些乱花钱的孩子要好得多。

其实，我们容易忽略，节省与吝啬是两个不同的概念。二者对于孩子的影响，自然也是差异巨大。

孩子养成了“守财奴”的性格，在成长的道路上，很容易形成一些负面影响，例如不利于社交的拓展。

我们作为过来人，多少都有一些体会。在自己的朋友圈中，大家平时经常一起游玩，你在吃的方面多花一些钱，他在玩的项目上多花一些钱，这样谁也不会太在乎不均衡。

然而，现实生活中，朋友圈里总有那么几个人，表现出来的过度抠门行为让大家很不舒服，甚至有一种自己被薅了羊毛的感觉，慢慢地，大家就会疏远他们。

过度抠门贪便宜，有时甚至还会吃大亏。

金灵和我是同龄人，他买护肤品都是只买“大宝”那样的产品，一年春夏秋冬也各只买一件衣服。

在工作的前五年，他就积累了一笔不小的积蓄，然后跟着朋友一起去买房。因为贪图便宜，仅花了40万元就买到了一个两居室，他认为捡到了便宜，因为当时的市场价要60万元左右。结果，那栋房子有问题，房产证一直办不下来，最后成了烫手的山芋，再想出售也无人问津。

当然，孩子什么样的表现算是“吝啬鬼”？什么样的行为需要及时制止？这还要家长们根据实际情况来判断。最了解孩子的是父母，父母注意到了问题之后，应该及时地去引导纠正，切不可强硬制止，需要掌握好一个尺度。

## 二、别让孩子以为金钱是万能的

“有的时候，孩子知道我不会给他买东西。他就会去找爸爸，买他想要买的东西，孩子知道爸爸有钱给他，而钱可以买到很多他想要买的东西。这种情况怎么办？”

这是一位年轻的妈妈，在孩子 6 岁时遭遇的困境。

很多人第一感觉都会认为，这是孩子爸爸的错误行为导致。如果不是溺爱，不配合妈妈，孩子也不会这样无休止地要钱。

作为一名父亲，我对此有着深刻的体会。有时，面对孩子的要求，看着他可怜的模样，充满泪水的清澈眼睛，总是会把妈妈的叮嘱与警告抛到九霄云外。

正是一次次的放纵与溺爱，一度养成了孩子这样的金钱观：会哭就可以得到想要的，有钱还可以买到自己想买的，随心做自己想做的。

那么，有什么办法可以解决这个问题吗？

不妨尝试一下，这三个和金钱没有关系，但是能够起到一定效果的方式。

**第一个方式：庆祝。**

我和一些朋友聊天时，以调查的方式问对方，在孩子取得成绩时，哪怕是非常小的成绩或进步，是否会和孩子一起庆祝呢？

多数人回答“是的”，一般都是在孩子过生日或者节日的时候，举行一个非常有仪式感的聚会来为孩子庆祝。

其实，在日常生活中，孩子学会了一个新技能，乐器演奏又上了一个台阶，哪怕是一次比赛中取得了一个名次，我们都应该举行一个小小的庆祝仪式。

所有这些小小的成绩，都是激励孩子的好机会，让孩子感受到，精神的奖励胜过物质的奖励。

**第二个方式：赞扬。**

当孩子做了一些哪怕是很小的事情，比如不再乱买动漫卡片了，不再要求购买甜食了，不再偷偷找爷爷奶奶要钱了，我们都要给予及时的赞扬。除了在家人面前当众表扬之外，还可以平时挂在嘴边多念叨念叨。

我家孩子3岁半的时候，经常感冒，然后总是在我晚上回家之后询问，有没有带回来好吃的。那次，孩子感冒尚未痊愈，我带回了一盒曲奇。妈妈对孩子苦口婆心一番之后，孩子明白了吃甜食不利于病情好转，于是突然亲口对我说：“爸爸，你以后不要再给我买甜食了。这样对我的病不好。”

听到孩子说出这样的一番话，我和妈妈都惊喜不已。然后给了他一个大大的赞扬，这种赞扬起到了效果。等到第二天，孩子又再次叮嘱我，不要再给他买甜食了。

**第三个方式：创造一个具有挑战性的环境。**

一方面，孩子长期处于一个生活富足的环境中，很有可能他会以为，用钱就可解决很多问题，不用再自己努力了。当然，这并非绝对，只是说这样的生活条件，容易增加形成不好金钱观的可能。

另一方面，长期创造一个具有挑战性的环境，无论是培养孩子的坚韧性格，还是让孩子意识到只有自己努力才能解决问题，都是大有裨益的。让孩子感觉一直在向上攀爬，孩子就会持续产生一种激励感。

不过，需要注意的是，这种挑战性的环境不要让孩子感到沉重的负担，这个度还是要把握恰当一些。

## 三、别回避孩子对于家庭收入的好奇

我之前在网上看过一个帖子，非常有代入感，是这样说的：

今天终于买房了，大学毕业后奋斗多年实现了梦想。只要你努力，就能成功，但还是要靠父母帮助。

这虽然是一个帖子，背后却折射出现实的真实写照。我们的父母那一辈人，他们多数人习惯省吃俭用。

但他们的内心多认为，不能让孩子知道家里有钱，否则该不上进了，万一成了啃老族怎么办。

其实，这是一种具有大众性的社会心理，不仅仅是父母那一辈人，很多“80后”和“90后”同样也是如此。

我曾在朋友中间做过一项小调查，数十个调查对象中，有超过80%的人，都会选择向孩子隐藏家庭的真实收入。

亮哥是我的调查对象之一，他是一家企业的高管。亮哥说，孩子自己也知道家里比较富裕，但是并不知道家庭的真实收入情况。在亮哥看来，小孩子不会在意是有 100 万元还是 1 000 万元，这两个数字对于还在上小学的孩子来说，没有本质性的区别。

“即使有一天孩子好奇，突然问了这个问题，我不会回避，但也不会正面回答。因为等孩子长大了，自然会知道。”这是亮哥处理这个问题的方式。

究竟要如何处理这个问题，在我看来，结合家庭实际情况，每个人的处理方式都有一定的正当理由。

不过，我们应该首先明确一下家庭收入这个概念。从收入来源这个角度来讲，家庭收入 = 家庭固定存款 + 每月的收入。

因此，在应对时，如果我们多数人选择向孩子隐瞒家庭存款，在这样的前提下，我们不妨向孩子坦露每月的收入情况，同时也有一个小技巧，即告知孩子自己每天的收入。

这么做，有什么作用吗？别说，作用还真不小。

文涛是我在工作上结识的一位朋友，精明能干，虽然也是上班族，但每月的工资收入颇为可观。

在处理这个问题时，他告诉孩子，自己每天会赚几百元。然后，他会给孩子再算一笔账，把买菜做饭、交通出行、培训班、网络购物、零花钱等各项日常开销，都详细罗列一遍，最后告诉孩子，还能剩余多少钱。

当孩子知道，原来家中日常开销要花掉这么多钱之后，便不会随便乱花钱了。

## 四、留给孩子自己支配的权利

朋友安琪家中有两个孩子，一个上小学二年级，一个上小学五年级。在花钱的问题上，上二年级的女儿让她十分省心，从来不会乱花钱。而上五年级的儿子，有时让她头疼不已。

“每天给他 5 块钱，他就花了。给他 10 块钱，他也都能给你花掉。要是给他 20 块钱，估计也不会留下一分钱。”

安琪不理解儿子，也曾苦口婆心地教育过孩子，哪些东西可以买，哪些东西不能买。结果呢，孩子仍然是我行我素。

后来，安琪决定改变每日给零花钱的方式，决定一个星期给次。和以前相比，孩子一周的零花钱总额略有压缩。

然后，她告诉孩子，这些钱完全由他支配，不再过问零花钱的用途。如果零花钱提前用完了，这一周之内也不会再给他零花钱了。

让她意外的是，这一周内，孩子不但没有找她要钱，居然小有剩余。

安琪问孩子为什么不像以前那样都花光了，孩子毫不犹豫地说："你越是不让我买什么，我就偏买什么。现在你不管了，我就省着点花。"

这个回答，让她又气又笑。于是，她顺势引导孩子，如何为自己的小目标进行存款。当孩子达到了设定的目标之后，她又会给予孩子额外的奖励，这样属于孩子自己的钱就多了起来。

安琪的儿子喜欢这种方式，后来他就不再像以前那样无节制地购物了。短短一个星期下来，安琪的儿子总是想着如何增加自己的存款。

孩子可以支配自己的钱，不但能够养成购物有所节制的习惯，还能让他们更具有同理心，产生一定的成就感。

有一次，我妻子带着孩子从超市回来，念叨着商品的价格，现在什么东西都贵，100 块钱，都买不了多少东西。

说者无意，听者有心。当妻子把东西装进冰箱之后，孩子从存钱罐里拿出 5 张一元纸币，递过来："妈妈，下次买东西的时候，你带上这些钱，还可以多买点。"

妻子立即感谢孩子："你能从自己的钱里拿出来给妈妈，解决咱们家的买菜问题，做得很好。"

从那以后，只要是家庭集体的支出，孩子从不吝啬从存钱罐中拿出自己的钱来用。

## 第六节 财商启蒙不能急功近利

在我们这些大人看来，现在的孩子生在了一个好的时代，从小被丰富的物质所包围。上学可以享受丰富的课程，还有丰富的课外班。

作为家长，我们也乐于根据孩子的兴趣，给孩子报各种各样的辅导班。固然是出于培养孩子兴趣的目的，但是某些情况下功利性色彩十分浓厚。

学习英语，期望口语可以快速提高。学习舞蹈，期望可以跳得更好。学习骑马，期望孩子可以纵马飞驰。

和这些辅导班不同的是，财商启蒙既没有完整的教育体系，也难以用急功近利的方式迅速提高孩子的财商。

一方面，我们容易错把财商启蒙当作理财启蒙，把大人处理金钱的法则，直接套用在孩子的身上；另一方面，孩子的财商启蒙，不仅仅是涉及如何与钱打交道，其实对孩子的身心发展的方方面面，都有着直接的影响。

况且，很多知识的习得，也不是急功近利或者有意为之就能够达到目的。很多时候，其实都是无心插柳柳成荫。

对于这一点，文涛很是认同。

文涛告诉我，有一次他周末带着孩子与外甥女去电玩城玩游戏。购买完游戏币之后，便放在了兜里。三人在忘情玩游戏的状态下，他自己都不知道还剩下几枚，可是孩子却非常准确地记得。

游戏结束之后，文涛和表姐带着孩子去商场。当孩子在看其他玩具的时候，他不动声色地给外甥女买了一件玩具，并未让孩子注意到。

让文涛意外的是，等到回家之后，孩子竟然偷偷告诉妈妈，爸爸在商店里花了 15 元钱给姐姐买了一样玩具。而他想要的玩具只要 10 元钱，爸爸都没有舍得买。

文涛感叹，孩子对于钱的敏感，是他从未想过的。平时在财商启蒙方面没有进行刻意引导，通过一点一滴的积累，却总能收到意想不到的结果。

# 第三章 50个财商启蒙游戏，让孩子受益一生

在这一章的内容里，我们就进入了游戏活动的环节。共计 50 个游戏化的亲子互动玩法，覆盖了从 3 岁到 12 岁孩子的财商启蒙需求。

不同阶段有着不同的玩法，从启蒙到认知，从入门到进阶，最后再到商业实践，都有对应的主题游戏活动。最重要的是，家长们也需要参与进来，陪伴孩子共同完成。

这 50 个游戏活动，致力于让孩子在互动中收获财商知识，并融入自己的生活体验，从而实现在玩游戏过程中“习得知识”的目标。

每次游戏活动时，抽出一点时间与孩子一起享受亲子互动带来的乐趣，你准备好了吗？现在让我们开始吧。

## 第一节 3～4岁，启蒙阶段

在3～4岁这个年龄阶段，孩子们已经有了基本的认知，对周围的事物表现出浓厚的兴趣和探索欲。一个物体的颜色、形状、材质等,他们往往都能够注意到大人们不易觉察的细节之处。同时，孩子们还非常喜欢动手来感知眼前的事物。那些让幼小心灵感知深刻的东西，总是能够直接或间接影响到他们未来的成长。

所以，财商启蒙游戏的初始，应侧重于培养孩子们对数字的敏感度和感知力。准备好了吗？让我们开始吧！

### 一、趣味识币手工游戏

3岁这个年龄的孩子因为经常和父母去超市购物，对购物已经有了一个模糊的概念，知道去到那样一个地方，就可以得到好看好吃的东西。

但是，孩子对于钱的概念，不可能有准确清晰的认知。哪怕是家长们有所引导，孩子也仅仅是出于一种好奇，对于金钱产生了一点兴趣。对于金钱数字的含义，他们依然无法准确理解。当然了，这是由这个年龄段的孩子的认知所决定的。

不过，没关系，千里之行始于足下，我们就从最基础的钱币认知开始。

下面这个表格，一共分为三个部分：

第一部分，介绍1元硬币，请家长们为孩子介绍这枚硬币。

第二部分，邀请孩子在“勾勒区域”绘制硬币。

玩法很简单，请准备一支铅笔和一元硬币，将硬币放在纸张的背面，然后用铅笔反复涂抹，这样，硬币的轮廓就会显现出来。

第三部分，请孩子数一数硬币的数量，并将数字填写到右边的表格里。

| 1元硬币 | 1元硬币一般指一元人民币。人民币是中华人民共和国的法定货币，元是基础单位 |
|---|---|
| 硬币的正面 | 硬币的反面 |
| 勾勒区域 | 勾勒区域 |
| 数一数有几枚硬币 | 填写对应的金额 |
| 2枚1元硬币 | ______元 |
| 4枚1元硬币 | ______元 |
| 6枚1元硬币 | ______元 |

这个游戏的玩法还有一定的拓展性，例如：

（1）认识其他面额

当孩子熟悉了1元硬币之后，我们还可以替换其他不同面额的硬币，然后拿一张白纸，继续让孩子将这些面额的硬币勾勒出来轮廓。

（2）增加硬币数量

每一种面值的硬币，可以适当多增加几枚，建议限制在个位数为宜，让孩子多数几次，不仅可以练习数数，也能加深对这些硬币的认识。

（3）对硬币进行分类

可以把这些不同面额的硬币混合在一起，因为大小不一样，颜色不一样，区分起来并不是非常困难。然后，邀请孩子将这些硬币进行分类，挑选出来相同面额的硬币放到一起。

**★ 课后叨叨**

这是一个非常基础的游戏，也是一个能够帮助孩子快速认识货币的游戏。硬币因为其材质的特殊性，和纸币有着很大的不同，能够让孩子在体验的过程中有不一样的感受。在游戏中，如果孩子已经对硬币非常熟悉了，可以把玩法进行二次拓展，将硬币和纸币进行对比，让孩子从中感受不同材质的差异。

## 二、把硬币放入小猪肚子里

前面我们进行了初识硬币的游戏。这一次，我们开启新一轮的游戏互动吧。

如果在上一节的游戏里，没有进一步拓展玩法，孩子对其他不同面额的硬币还不熟悉，我们正好在这一节中展开。当然，如果已经认识了，也没关系，再次复习一遍，可以加深孩子的记忆。

这次的游戏是把硬币放入虚拟的小猪存钱罐里，让孩子熟悉三枚常用硬币的同时，也能够学会把对应的硬币数量，正确放入对应的地方。

这三枚常用硬币的面额，分别为：1角、5角、1元。

首先请各位家长翻一翻家里的柜子或者是衣服口袋，找到这3枚不同面额的硬币。如果家里没有，可以去超市或者银行多兑换几枚。

在教孩子认识硬币的时候，让孩子拿在手里触摸，并引导孩子，注意这几枚硬币的区别。

如果孩子对于数字比较敏感，也可以给孩子简单讲一讲，这几枚硬币是如何兑换的。请注意，在孩子了解硬币的过程中，一定要看护好，避免出现孩子意外吞食的情况。

当孩子基本能够识别这些硬币之后，就开始这个游戏吧。

| | 各种面值的硬币 |
|---|---|
| 小猪存钱罐（存入1角） | |
| 小猪存钱罐（存入3角） | |
| 小猪存钱罐（存入5角） | |
| 小猪存钱罐（存入5角+5角+5角） | |
| 小猪存钱罐（存入1元） | |
| 小猪存钱罐（存入1元+1元+1元） | |

如果你准备的硬币较多，可以让孩子直接把硬币放入对应的表格。

如果你只有示范用3枚硬币，让孩子在表格里画上对应的硬币即可。

为了区分1角和1元的区别，也可以使用彩色笔，在画完之后，把虚拟硬币涂上不同的颜色。

**★ 课后叨叨**

这个游戏的目的，侧重于锻炼孩子的图形化认知能力，并对孩子的数字思维进行基本的启蒙。在游戏的过程中，如果孩子的接受度与配合度很高，我们就可以稍微提高一点难度，例如在填充1元的表格时，可以先让孩子放入1元硬币，然后再更换另一种玩法，代替放入2枚5角的硬币。这个游戏，可以和孩子多玩几次，直到孩子对硬币非常熟悉。

## 三、巧用多功能存钱罐

无论什么样的存钱罐，只要家长们引导把钱存进里面，孩子们就会欢喜地把钱放到存钱罐中。

随着孩子一点点长大，他们对于钱的认知，也有了很大的飞跃。再加上长辈们送给孩子的压岁钱与节日红包，他们也已积累不少零花钱。

这时，拥有一个属于孩子自己的存钱罐，就非常有必要。

如果你还没有来得及为孩子准备一个实物存钱罐，也不用着急。我们先来看看，选择一个什么样的存钱罐。

总的来说，各大电商平台上售卖的存钱罐，基本可以分为以下几类。

**第一类：**

以动物、卡通人物、汽车玩具等为造型，以颜值来吸引小孩子的注意力，不少家长在购买时，可能会征求孩子的意见，孩子们往往会被这些可爱的小动物们吸引。

在功能上，有的只能存不能取，有的则十分耐摔。

**第二类：**

是复古保险柜类型，基本上算是保险箱的缩小版。这一类的存钱罐，多是由父母来直接为孩子进行挑选。因为保险箱给人的感觉是安全，所以父母就会认为，哪怕是给孩子用，也应该买一个安全的保险箱存钱罐。

**第三类：**

是以木头与不锈钢为材质的简洁类型，这一类型没有花哨的颜值和功能。一些家长的购买心理是，存钱罐就应该简洁一些，孩子用起来不会把它当玩具，而是可以作为一个使用工具。

**第四类：**

这种类型，不仅具备了一定的颜值，因为厂商会在外观上加入一些卡通设计元素，并具备听音乐、讲故事、播放英文儿歌等多种功能。这种类型需要 3 ~ 4 节电池来支持，如果孩子频繁玩，电池的消耗速度可能会略快一些。

以上这些类型，没有优劣之分，根据孩子的喜好、实际情况等购买即可。

我在为孩子购买存钱罐时，还发生了一个小小的意外。

我的妻子认为买一个木头或不锈钢简洁类型的就好，钱放到里面轻易拿不出来。这样才能养成孩子的储蓄习惯。而我更倾向于为孩子购买多功能类型。

最后，还是我说服了她。使用过程中发现，孩子不但非常乐于存钱，甚至还有一些其他的惊喜收获。

在收到快递之后，孩子发现存钱罐有3面是白色的，于是找到了家里平时玩的贴纸，跟着妈妈一起动手，把一部分贴纸贴在了外面，完成了一次手工制作之旅。

从3岁到4岁这个时期，孩子一直都非常喜欢这个存钱罐。至于原因，大概有以下几点。

（1）由于这个存钱罐具备自动卷钱的功能，将钞票放到入口，就会自动将钱吸入。孩子从来没有见过这样“神奇”的场面，于是找我们索要钞票，玩得不亦乐乎。

（2）在按数字键的过程中，孩子自己摸索出了播放音乐、诗词等功能，随着使用频次的增加，这些音乐与诗词，孩子也逐渐耳熟能详，在潜移默化中自己能够顺口说出来。

（3）因为配有英文指令，孩子也很快听懂了英文指令的意思。如果按错了密码，根据英文语音提示重新按键。

（4）后来我发现，孩子特别喜欢打开存钱罐，看一看里面的钱在不在，然后拿出来再次存进去。为此，我特意修改了一次密码，虽然仅有4位数，让人十分惊讶的是，孩子竟然在一次无意中按对了密码。

自此，更是对这个存钱罐大为着迷。

★ **课后叨叨**

通过一个存钱罐，可以让孩子获得其他多个方面的收获，这是我为孩子购买多功能存钱罐时未想到的。事实上，存钱罐只是孩子财商教育的起点。之后如何奖励孩子，给多少钱，怎么给，如何取，都是一个很复杂的过程，需要更加系统性地规划，才能真正发挥存钱罐的意义。

## 四、套圈游戏玩出不同

每当我们带着孩子去公园的时候，总是能够在儿童游乐场附近的某一个位置，看到一些套圈的摊位。玩套圈游戏的人经常络绎不绝，除了大人，也有孩子。多数人往往套不到好的奖品，也就不愿意再玩了。

但是对于孩子来说，和其他容易上手的游戏一样，这种游戏会持续吸引着孩子。

如果是在家里，孩子吵闹着要玩套圈游戏怎么办？

再退一步来讲，就算是我们学着摆摊的方式让孩子去套，这种常规的游戏方式，对于孩子来说，就只是一个游戏而已。

其实，套圈游戏也是可以玩出不同的，可以让孩子在游戏中逐渐掌握和财商有关的一些知识。

**1. 前期准备**

现在的网购非常便利，通过电商平台可以购买到一些适用于套圈的塑料圈。在购买的过程中，可以注意以下几点：

| | |
|---|---|
| **颜色** | 在挑选颜色时，建议选择几种不同的颜色，一般情况下，选择 3～4 种不同的颜色即可。不同的颜色，在使用的过程中，可以发挥不同的作用<br>至于选择什么颜色，这个主要是根据个人的喜好来定。我给孩子选择了 3 种颜色，分别是红、黄、蓝，这是构成其他颜色最基本的 3 种颜色 |
| **材质** | 在挑选套圈的过程中，一定要注意商品介绍使用的是什么材质<br>有的商品介绍十分模糊，比如优质熟塑料、环保塑料。这种商品，到底使用什么材质并不明晰。有的商家则明确标示出所用材质<br>从环保安全的角度来考虑，还是建议尽量选择明确标识了材质的套圈 |
| **尺寸与数量** | 在 3～4 岁这个阶段，我个人是建议选择直径 35 厘米以上的套圈，这样的套圈较大一些，玩法拓展性也相对较大<br>数量上，10 个以内即可，没有必要购买太多 |

**2. 怎么玩**

在玩套圈游戏时，我们可以在以下几个方面，对孩子进行重点引导：

（1）模仿实际场景，与孩子进行交易

当我们模仿公园里的套圈游戏时，除了让孩子获得游戏带来的快乐之外，还可以尝试一下，尽量模拟真实的情景。

如果家长已经进入角色，成为一名“小商贩”，那你可以告诉孩子，玩这些套圈所需要的金钱数量。

这时，孩子可能会思索一下：我的钱在哪里？我能不能玩？我能玩几次？

然后，我们把已经准备好的几张1元纸币交给孩子，请孩子付款给我们。注意，孩子未必会给到你数量准确的纸币，可以继续引导孩子，直到给了准确数量。

（2）进行角色互换

在孩子的这个年龄阶段，他们玩游戏时，一旦喜欢一个游戏，就会反反复复地玩下去，乐此不疲。对于孩子来说，这是一个乐趣。可是对于陪同的家长来说，就会变得枯燥无趣。

那么，当你陪着孩子玩套圈游戏感到厌倦的时候，不妨与孩子进行角色互换。

这时，你是玩套圈的人，让孩子扮演摊贩的角色。

由于孩子具有很强的模仿能力，因此，他也会试着去学习你刚才的一系列行为，找你索要金钱。

如果孩子忘记了要钱，直接送给你套圈，你可以及时提醒一下，再次强化孩子的金钱意识。

我到现在仍然清晰记得，当我把一张纸币递给孩子“购买”套圈时，他拿在手里十分激动的样子。

在孩子小小的心里，他可能会突然意识到：原来我也可以赚钱啦。

（3）计算投入与回报

当游戏结束之后，我们可以与孩子来一场“盘点”，算算这次的收入情况如何。玩游戏的时候，可以使用1元的纸币，这样在计算投入与回报时，就较为简单。

1元纸币，一起数一数有几张。当我们与孩子一起数完之后，可以再告诉孩子，这些钱都是你通过努力赚取的，可以自己留下放到存钱罐里了。

听到这个令人振奋的消息，孩子迫不及待地就去存到自己的小金库里了。

（4）套圈的其他玩法

我在前面提到，选择套圈大小的时候，尽量选择直径超过35厘米的套圈。一个非常重要的原因，就是还可以再利用其玩其他的游戏。

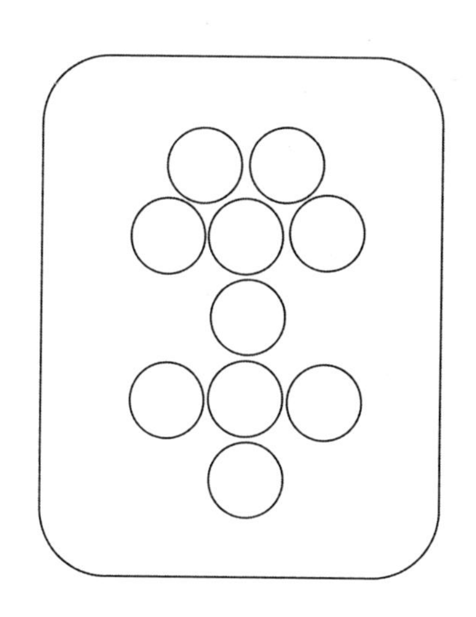

我们可以把这些套圈组成“格子阵”，很像我们小时候玩的游戏，在地上画一些方格来跳。

在“格子阵”中，孩子同样也可以跳，这样还能增加孩子的运动协调性，促进身体的发育。

**★ 课后叨叨**

每次带孩子去公园，总会遇到各种游戏设施和娱乐活动。起初是我想要尝试一下套圈的游戏，结果，孩子在一边极有兴趣，嚷着也要试试。等到回家之后，还总是惦记着玩套圈。这启发了我，于是网购了一些套圈，孩子玩得乐此不疲，也在游戏中逐渐熟悉了如何购买。

## 五、鼓励孩子去“砍一刀”

砍价是我们日常购物中很常见的一种行为表现，尤其是逛市场、逛集市的时候，我们更乐于砍价。有时砍价带来的乐趣，甚至超过了以更低的价格买到物品这件事情本身。

等到了网购时代，一些网购达人和年龄较大的亲戚长辈们，特别喜欢邀请众人帮他们“砍一刀”，集齐一定的人数，可能能够以 0 元的价格“买”到商品。

然而，不知道大家有没有注意到，现在的青少年们买东西，已经不愿意砍价了。

与我同住一个小区的邻居赵姐，她家孩子今年考上了大学。为了兑现当初的承诺，在开学之前，赵姐带着孩子去商场购买孩子想要购买的东西，包括电脑、运动鞋、潮牌服装等。

这些商品价格不菲，赵姐想着趁机让孩子自己砍砍价。虽说早已答应好了，可是看了一圈下来之后，就有点舍不得，她一个月的工资可能都不够。

然而，在实际购物中，孩子根本不愿意砍价。

“这不都是有标价的吗，有什么可讲价的？”这是孩子在购物中，最常挂在嘴边的一句话，也是不愿意砍价的最大理由。

后来，赵姐和我讲起这个事情时，她说为了证明即使是明码标价也能够讲价，也为了告诉孩子，不是什么事情都没有商量的余地，她把砍价的本领都使了出来，甚至拿到了其中一家品牌的会员卡，最终得以享受八五折的优惠。

尽管孩子因为观念而不愿意讲价，最后也还是被她的“砍价超能力”所折服。

赵姐坦言，孩子之所以不愿意去砍价，也和她自己有直接的关系。平时为了让孩子专注于学习，几乎所有的吃穿用度都准备好，孩子甚至没有自己单独购物过。

这让我想起，另一个熟悉的朋友文静。

每当她带着孩子去购物时，如果孩子有想要买的东西，她会让孩子自己去砍价。见到这么小的孩子砍价，老板也会好奇地问：想要多少钱?

孩子会毫不犹豫地说：“1块钱。”

在她看来，这个过程的最大收获，不在于孩子是否真的砍价成功，而是孩子拥有了勇气，敢于去尝试，而且知道了买东西可以砍价。

所以，当孩子在3～4岁的时候，哪怕他们还并未真正懂得砍价的含义，作为父母的我们，也应该积极鼓励孩子大胆去“砍一刀”。

不过，在鼓励孩子砍价的过程中，我们也应该注意一下引导的方向。

我们先来假设一下当时的情景。

情景一：

“妈妈，我想要那个气球。”

“你想要买那个气球是吗？那你自己去问问多少钱。”

“妈妈，气球 15 块钱。”

“宝贝，这个价格有点贵。你再问问，还能不能给我们便宜一些。”

“妈妈，为什么要便宜一些？为什么呀？”

“这样我们可以节省下来钱，再去给你买其他的东西呀。”

“好的，妈妈。”

好了，这个情景结束了。请注意结尾，我们引导孩子的结果，本意是想锻炼他，教会孩子节省的理念。但是给孩子传递的信息是，他可以继续购买其他的东西。这种引导方式，无形中再次刺激了孩子的购物欲望。

我们再来看情景二：

“妈妈，我想要那个泡泡机。”

“你想要买那个泡泡机是吗？那你自己去问问多少钱。”

“妈妈，20块钱一个。”

“宝贝，这个价格有点贵。你再问问，还能不能给我们便宜一些。”

“妈妈，你给我买吧，为什么不给我买呀？”

“宝贝，这个价格太贵了。你还记得吗？之前我们看到的那个才15块钱。你去问问，15块钱能不能卖给我们？”

“妈妈，妈妈，15块钱可以的。”

“宝贝，你太棒了。我们节省了5块钱，我们的晚饭就有买菜的钱了，妈妈工作也可以轻松一些了。”原来，节省下来的钱，是在为家庭作贡献。

**★ 课后叨叨**

其实，积极引导孩子学会砍价，一方面，能让孩子明白，可以为自己争取更多的利益，有助于提高孩子的沟通能力和谈判能力；另一方面，也能够让孩子明白爸爸妈妈工作赚钱也很辛苦，砍价并不是一件丢脸的事情。

## 六、猜一猜商品的价格

我们先回想一下，那些过去发生的和当下正在发生的事情。

每当周末的时候，我们经常会带着孩子去超市采购日常的生活用品。面对琳琅满目的商品，孩子逐渐学会了“想要”。

“妈妈，我想要这个。”

“宝贝，这个太贵了。”“宝贝，那个不适合你。”起初，这样的说辞可能还管用。

可是，当孩子一点点长大，去购物的频率不断增加，孩子“想要”的渴望更加强烈。最后，出于各种原因，我们作为家长还是会为孩子购买一样东西。

由于对价格的高低，没有清晰的概念，孩子想要的只是那些深深吸引目光的东西。

久而久之，孩子每次去购物时总要买一样东西。

其实，与其用各种说教的方式，去教育孩子不要乱买东西，倒不如和孩子一起，把购物变成一个小游戏。

猜一猜商品的价格，就是一个既简单又能够帮助孩子建立起价格概念的游戏。

我们和孩子互动的过程中，可以围绕这两类商品：

**1. 生活必需品**

我们去购物时，采购生活必需品是最多的，例如蔬菜和水果。

当我们称好之后，就可以拿着不同的袋子，开始猜商品价格的游戏。在初期，小孩子肯定答非所问，与实际价格相差八千里。也有的孩子，甚至会直接说不知道。每个孩子的表现，有很大差异是十分正常的。

这个时候不用灰心，随着孩子进入幼儿园，学会了一点知识之后，就会慢慢参与进来，而且会猜得越来越接近。

在玩这个游戏的过程中，其实还有一个额外收获，就是孩子会逐渐认识各种蔬菜与水果。

这个时候，可以再让孩子想一想，读过的绘本中有哪些蔬菜、水果出现过,再和实物比较一下,这样能够让孩子的印象更加深刻。

**2. 零食和玩具**

零食和玩具是每一个孩子都想要的东西。当你看着家里的这些东西不断增多，会反复告诫自己，不要再给孩子买了。

可是每次去购物，又可能架不住孩子的“死缠烂打”，仍然会妥协。

我们让孩子猜一猜商品的价格，其实在一定程度上有助于解决这个问题。

我们设想一下对话的情景：

“宝贝，这一袋海苔多少钱？”

“10块钱。”

“那这个挖掘机呢？”

“1块钱。”

你知道孩了是在“乱猜”，但这个时候我们需要做的是鼓励。

“宝贝，虽然你没有猜对，但是你已经做得很棒。你知道吗，这个挖掘机要 15 块钱，这个海苔只要 5 块钱。现在，我们只剩下 5 块钱了，可以给你买一个海苔。好吗？”

我们不妨尝试一下，以这样的方式对孩子进行引导。在开始的一次两次的尝试，未必会有效果。

贵在坚持，持续下去就会有所收获。

## 七、在标签中发现目标数字

在 3 ~ 4 岁这个年龄，孩子们对周围的一切都充满了好奇。在培养孩子对于数字敏感度的时候，我们很多家长习惯于购买一些数字卡片，教孩子认识数字。

这样做的好处，是孩子可以快速认识从 0 到 9 的每个数字，也能够背诵更多的数字。

不过呢，对于孩子来说，在他们的世界里，这些仍然只是数字，似乎并不明白这些数字究竟意味着什么。

这一次，我们来换一种方式吧，帮孩子们认识数字，顺便花 5 块钱，进行一次有趣的财商启蒙游戏。

这个小游戏可以让孩子学会数字识别，同时也涉及金钱和简单的加减法。

因为这次主要是让孩子了解数字 5，所以我们选择一张 5 元的人民币，上面有一个醒目的数字 5。当然如果是 10 元也可以，家长可以根据实际情况来定。

从难易程度以及购物的需要来看，一开始还是建议选择 5 元钱为好。游戏可以反复玩，再逐渐增加难度。

我们在去超市的时候，可以留意一下当地超市的价格标签，如果标签上的数字清晰、字号较大，那就是比较理想的选择，便于孩子识别数字。

好了，我们拿出一张5元纸币，交给孩子，去寻找带有数字5的标签吧。只要是带有5的标签，5、15、25、35等都可以。

价格标签

找到带有5的数字并不费事，孩子很快就能发现带有5的价格标签。

但是，孩子要买什么？面对眼花缭乱的商品，如果只让孩子选择一件东西太难了，孩子可能既想要这个也想要那个，怎么办？

别着急！到这时，我们可以引入简单的加减法。我们把这个5元钱纸币，换成5个1元纸币或者硬币。如果自己没有提前备好，可以到超市收银处兑换一下。

这个时候，我们可以给孩子两个选择：

购买一件2元和一件3元的商品，正好5元；

购买一件1元和一件4元的商品，正好5元。

最后，孩子很开心，因为可以购买两件商品，而不是一件。有了这一次的购物之旅，孩子对于数字5会更加敏感。

当你在外面看到5的数字，也可以随时给孩子指出来。这样，无论走到哪里，孩子只要看到5都会指出来。

### ★课后叨叨

玩这个游戏，不必每次都购买东西。可以和孩子比一比，选定数字看谁发现得最多。这个游戏，可以更换数字，重复着玩，加深孩子的记忆，孩子需要多次强化信息才能记住。熟能生巧，当孩子非常熟练了之后，在购物环节，可以适当增加“加法”的难度。

## 八、开启超市寻宝之旅

在正式开启超市寻宝旅程之前，我们先来准备好一本书。

很多妈妈在孩子的启蒙过程中，都会被推荐一个绘本，书的名字叫《好饿的毛毛虫》。

一些孩子在 1 ~ 2 岁时，初次接触到这本书，可能会被这只毛毛虫吓到。不过，等孩子熟悉了之后，就会对这本书非常感兴趣。毛毛虫由于饥饿，要吃很多水果和食物。

如果你家的书柜中还摆放着《好饿的毛毛虫》，那正好可以二次利用。绘本中的水果，就是我们这次超市寻宝之旅的“终极目标”。

在正式开启超市寻宝游戏之前，我们需要做一些准备：

① 彩色或白色的卡纸；

② 胶棒以及剪刀各一；

③ 彩色笔或者白板笔；

④ 两个袋子。

准备完以上的基础工作，我们开始进入“寻宝卡”的制作环节。

第一步，先从《好饿的毛毛虫》中挑选部分水果或者全部的水果。当然，你还可以选择一些书中没有的东西，例如蔬菜、面包等加到寻宝清单中。

第二步，将已经准备好的纸张，裁成大小一致的卡片，尺寸和我们的手掌大小接近即可。

第三步，已经选择好的水果、蔬菜等，如果家里有这些图片，可以直接裁切下来，贴到卡纸上。如果没有，可以下载并打印出来。此外，很多家庭都可能买过各种给孩子认字识物的卡片，这些也都可以利用。

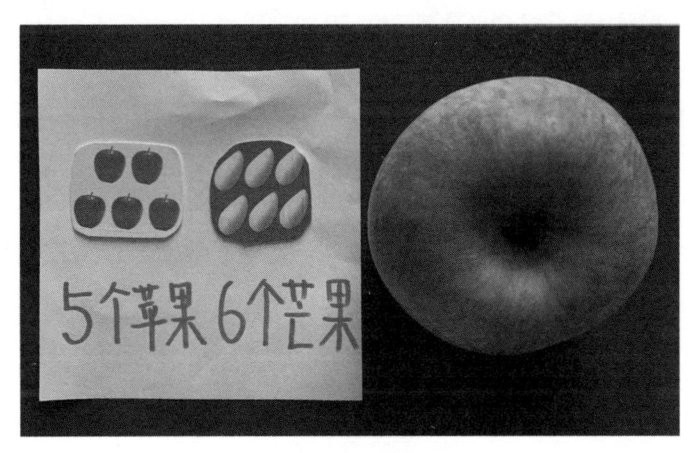


制作寻宝卡

第四步，我们把这些图片贴好之后，可以顺便标注一下需要购买的水果数量。

第五步，准备好两个袋子，一个袋子用来放卡片，另一个袋子用来放一些现金，5元、10元为宜。在和孩子游戏的过程中，能够用到现金的地方尽量使用现金，这样孩子会有更加深切的体会。

当你突然和孩子说，我们来玩一个寻宝游戏吧，小孩子通常会非常高兴。好了，当一切准备就绪，开始和孩子的超市寻宝之旅吧。

到达超市门口的时候，可以同孩子来一个击掌仪式：“让我们开启寻宝之旅吧！”

等到走入摆放水果的区域时，就可以拿出事先准备好的卡片了，并让孩子从中随机抽一张。

当孩子找到属于他的“宝藏”之后，我们可以按照标注的数量装好，让孩子感受一下重量。等他把卡片还给你时，继续再开始下一个寻宝，然后重复直到所有卡片都用完。

### ★ 课后叨叨

请记住，我们有两个袋子，一个袋子装的是任务卡片，另一个装的是现金。等任务卡片都完成之后，我们把袋子中的现金拿出来，以预算有限为理由，告诉孩子只能选择2～3种“宝藏”带走，把这个选择权交给孩子，让孩子自己作出决定，并由孩子完成付款。

这样，超市寻宝之旅才算完成啦！

## 九、完成一项秘密任务

总有那么一段时间，带着孩子去购物的时候，尤其是路过玩具区域，他们的注意力总是会被各式各样的玩具所吸引。

家里已经堆满了玩具，但是如果不满足他的要求，他就会大哭大闹。除了玩具之外，孩子也还会被其他各种东西所吸引。

在孩子的需求第一次被满足之后，他们就会不断提出更多的需求。

买吧，家里的玩具已经堆满了角落；不买，孩子梨花带雨，让你无可奈何。

在这样的情况下，我们不妨用游戏化的方式来解决这个问题。这个游戏，就是完成一次秘密任务。

当你和孩子又一次准备去购物，这一次，你可以告诉孩子，你们将一起完成一项秘密任务。可以适当夸张一点，让孩子感受到这种神秘感。

具体玩法如下：

（1）准备 3 个红包

我们的家中，每年都会有一些用不完的红包，可以准备 3 个，用来装不同的"秘密任务"。

如果没有红包，也可以就用普通的纸张，写好之后简单折叠起来。然后，用孩子喜欢的贴纸粘贴在秘密任务上。

（2）创建秘密任务

在去超市购物之前，可以把想要买的东西简单列一下，然后，把其中的一些易于孩子选购的东西，留作这一次的秘密任务，比如酸奶、牛奶等。

开始的时候，可以只执行3个秘密任务，这样能保留孩子的好奇心和新鲜感。如果孩子非常喜欢这个游戏，可以酌情增加每次执行秘密任务的数量。

（3）确定一个预算

当秘密任务的内容确定好之后，别忘记了，最重要的一点，那就是加上预算。

我们再来细化一下这次的秘密任务，比如要购买酸奶，一共购买2盒，所花的费用需要在10元以内。

可以用简洁方式表达出来。

秘密任务：购买酸奶；

数量：2盒；

总金额：10元以内。

当孩子选择完商品之后，我们需要提醒一下，让孩子考虑：只有10元，且必须购买2盒，如果有超过预算的商品，就需要放弃价格昂贵的。

为了让秘密任务里的商品符合价格，孩子们必须考虑不同的价格，或者不同的尺寸型号。无论哪种方式，他们的大脑都在转动并考虑金钱和预算。

**★课后叨叨**

如果孩子完成任务，他们将获得什么？这是孩子最关心的事情。如果仅仅是参与完成秘密任务，孩子们玩几次之后可能就会厌倦了。对于孩子来说，能够获得及时满足感，是他们最想要的结果。而从我们大人的角度，则希望孩子们能够延续满足感。

所以呢，如何奖励孩子，可以有两种方式：及时奖励与延迟奖励。

及时奖励，可以让孩子在秘密任务最高预算范围内，选择一个他们想要的东西。延迟奖励，可以把最高预算化为积分，比如10元钱换算为10个积分，等到积累到50分时，孩子可以选择一次性兑换50元钱，这样孩子能够拥有更多的选择权。

## 十、购物时设定价格上限

“每次购物时，孩子总是要这个要那个，该怎么办？”

相信这样的话，我们已经听了很多次。我们家长，也会苦口婆心讲那么多的道理。然而，这些道理在孩子们那里，依然不奏效。

应对这样问题的方法有很多。我们的初衷是希望孩子少买，或者不要乱买，让孩了学会节制，学会克制自己的购物欲望。

在我看来，这些办法都是属于“堵”的类型。可是，当这些堵的办法不管用时，我们就需要进行恰当的疏通。

与其强制孩子不花钱不购物，倒不如教会孩子养成一个好的习惯。疏通的方式有多种，从我个人的角度，我推荐购物时设定价格上限这个方式。

当孩子们进入 4 岁之后，已经对钱有了一个基本的认知，他们也会大概知道，一张 10 元的钞票或者一张 5 元的钞票，能够买到什么样的商品。

有人要说了：不就是规定一个价格上限就好了吗，这有什么要刻意强调的，难道还有注意事项不成?

我们以 10 元为例，你的心理预期是孩子每次去购物时，消费上限是 10 元。那么，你会怎么做?

最直接的办法，也是很多人选择的办法，就是直接给孩子 10 元钱。事实上，我们不只有这一种方式，可以更加多元化。

**1. 计划购物**

每次只给孩子 10 元钱，把这 10 元钱交到孩子手里之后，让孩子在有限的可选商品范围内进行购物。这种方式，就是典型的计划购物。

这种方式的好处,是便于我们掌控孩子购买的东西,避免乱买。孩子拿到钱之后，会变得安心，知道钱在自己的手里，拥有了掌控权。

**2. 按需消费**

事实上，我们给孩子设定购物价格上限，除了选择把钱交给孩子之外，也可以承诺一个口头“面值”，告诉孩子可以自由选择，挑选自己想要的商品，但是拿的东西，一定不能超过10元的预算。

在这样的情况下，孩子会尽量选择他最想要的东西，一旦价格超过了上限，尽管他想要，孩子也会优先考虑在限定范围内，购买当时可以买到的东西。

这样有助于孩子进行按需消费，真正把钱花到自己最想要的东西上。

**3. 货比三家**

当孩子兴高采烈地买了一个奥特曼的蛋或者奥特曼卡片之后，从家长的角度来看，家里已经积累了不少，希望孩子不要再买了。

如果我们直接和孩子说："家里已经有了，不要再买这些了，换一个其他的好不好？"这种情况下，孩子几乎会一口拒绝，因为这些太有诱惑力了。这时，我们不妨换一种方式，让孩子挑选更加超值的商品。

"你看，我们家里有很多奥特曼的蛋了，要不我们去换一袋面包片吧？一袋里有那么多的面包片，妈妈回家还可以给你做带有果酱的三明治吃。"

通过物品对比的方式，让孩子感觉到购买其他东西要比原来购买的东西更有价值，这样，孩子将逐渐学会如何挑选物有所值的东西。

**★ 课后叨叨**

当孩子的知识慢慢增加，年龄逐渐增长，设定的价格上限自然也要随之变化。当10元钱已经明显不够时，我们要不要坚持原来的金额？要不要提高上限？如果提高，应该提高到多少？这些问题都是不可避免的。我建议的原则是，在我们每一个人自身实际的经济基础之上酌情考量。

## 第二节 5～6岁，认知阶段

等到孩子们进入5～6岁的时候，大概是家长们开始“头疼”的时期，因为孩子们已经学会了花钱，渴望自己能够支配金钱，并按照自己的心意购买想要的东西。可是，孩子们并不清楚这个东西是否“值得”购买，只要自己喜欢就想要买，缺少自我约束的能力。但同时，有的孩子储蓄观念也开始形成。因此，如何让孩子养成合理的消费习惯，并帮助孩子养成储蓄的观念，就变得非常重要。

## 一、制定合理的零花钱规则

怎么给孩子制定一个合理的零花钱规则?

其实，这是一个仁者见仁、智者见智的问题。每一个人都有自己的方法，也没有绝对的错与对。

总体来说，基本可以分为以下四种方式。

### 1. 按天

在5～6岁这个阶段，按天给的方式并非主流，主要是因为处在这个年龄段的孩子，对于零花钱的用途较为单一，多数是用来购买玩具，且缺少节制，会一直购买自己喜欢的玩具。

不过，这种按照天给的方式也不是不可以，前提是把金额降低，控制在5元以内。按天给的方式，对于数字和金钱敏感的孩子来说，能够增加对金钱的计算能力。

同时，也可能存在一定的负面作用，孩子会认为每天都可以拿到钱，养成喜欢花钱的习惯。

对于按天给的方式，我比较持保留态度，家长尝试这种方式时还是要谨慎一些。

### 2. 按周

我和家长们交流的时候发现，家长们最喜欢按周给的方式，平均每周给孩子5～10元钱，每个月给孩子4～5次零花钱，这是一个较为适中的频次。

我在上面提到，这个年龄段的孩子，基本上都会把钱贡献给各种卡片或者玩具。值得注意的是，随着孩子对玩具的价格越来越熟悉，他们的消费能力，偶尔也会升级。

比如奥特曼等相关的卡片，因为稀有度不同，价格也存在阶梯。当孩子意识到更贵的卡片更受到其他小朋友青睐时，孩子的消费就要升级了。

请注意，在这种情况下，不能孩子要钱就给。尽量引导孩子学会攒钱，或者以玩具交换玩具的方式，让孩子通过自己的努力达成目的。

**3. 按月**

以按月给零花钱的方式，孩子一次拿到的零花钱金额较大。

在实际的生活中，尽管我们家长会提前约定好这些钱可以怎么花，哪些不可以买。但是，孩子通常情况下，就会提前把一个月的零花钱都用完。

这种现象还是普遍存在的。孩子花完了之后，再给孩子多少钱，到底怎么给，这里面还是需要注意的。

关于零花钱如何节省或者实现储蓄，我们在后面会有相关内容的进一步详细讲解。

**4. 按次**

这也是一种常见的方式。

当我们每次去超市、逛街或者外出游玩时，自然少不了消费的行为。每次可以提前与孩子约定好，固定给多少钱，或者每次消费的上限是多少。

这样做的好处是家长可以按需给孩子零花钱，避免孩子不必要的消费行为。

不过，这种方式的处理，看似是有效支配，其实并不利于孩子财商观念的养成。孩子对于金钱，缺少自主支配的空间，这会大大限制其金钱敏感度的养成，始终活在父母的安排下。

**★ 课后叨叨**

有位教授曾经多次强调，要在 3 ~ 6 岁时给孩子立规矩，这对于孩子的性格养成很有必要。具体到零花钱的使用上，制定一个符合自己的行之有效的规矩，同样十分重要。

顺便再说一下，到底是给孩子现金，还是电子支付？相信不少家长都会有这样的困惑。我的建议是，尽量以现金的方式。因为现金是实物，孩子拿在手里形成了直观的感受，认知也就更加直接深刻，在日后的生活中可以熟练运用金钱。

## 二、设计一款简单货币

“妈妈，钱是怎么来的？”

“爸爸，为什么有的纸币是红色的？有的是绿色的？”

“为什么不同国家的纸币，都是不一样的？”

假如孩子开始思考这些问题了，就要恭喜你，说明孩子对于金钱有了更为浓厚的兴趣。

对于这种情况，我们很多家长可能会给孩子普及基本的常识，告诉孩子较为抽象的答案。在这个基础上，不妨陪孩子进行一堂手工课——设计一款简单的货币。

这是一个既能锻炼孩子的动手能力，又能增加孩子货币认知的体验活动，能够提高孩子的好奇心和趣味性。

**1. 活动人数**

如果孩子比较独立，喜欢安静，这个手工活动正适合父母与孩子共同参与。

如果孩子喜欢和其他小朋友们一起玩，不妨邀请 3 ～ 5 个孩子的同学和邻居家的小朋友一起参与这次活动。每个孩子都可以发挥自己的想象力和动手能力，彼此互相借鉴学习，这有助于激发孩子们的参与性。

**2. 活动筹备**

如何设计一款简单的货币呢？其实并不复杂，只需要掌握好 5 个核心内容即可。

（1）颜色形状

有的孩子想要长方形，有的喜欢圆形，也有的可能会制作成三角形，这些没有约束，孩子可以随意发挥。

（2）银行名称

孩子可以将自己喜欢和熟悉的事物，作为元素进行命名。如果孩子没有想法，家长可以给孩子提供不同国家的名称，以国家银行进行命名，由孩子进行挑选。

（3）货币面额

货币面额的大小，可以参考货币的实际面额，与实际相结合，有助于孩子增强体验。

（4）核心图形

当孩子选定了某个自己喜欢的图形元素之后，就可以发挥他们天马行空的想象力啦。如上图中，孩子非常喜欢动画片里的小火车形象，于是就以小火车为主要元素进行绘制。在绘制过程中，家长们不必要求孩子画得多么逼真，只要是孩子喜欢即可。

（5）制作材质

在制作材质的选择上，可以是普通的纸张，也可以是硬纸板、铜版纸等。

**3. 实际操作**

当孩子熟悉了这些必备的元素之后，就可以进入实操的环节：

（1）准备衬纸

首先是准备一张衬纸，普通的A4纸即可，然后将纸张进行左右对折，折好之后再平放摆好。

（2）设计草稿

在平放摆好之后，可以让孩子在左右任何一侧，先用铅笔设计草稿，勾勒出完整的轮廓。用铅笔勾勒草稿，方便修改。

（3）材料裁切

等待孩子设计完毕，便可以对使用的纸张进行裁切。长方形、圆形、三角形等形状，都可以。需要注意的是，尽量选择硬度适中的材质，孩子在用剪刀时不必多用力气，避免因使劲伤到自己。

（4）绘制上色

对纸张裁切完毕之后，可以将材质贴在衬纸的另一侧。用胶水贴好之后，孩子可以使用彩笔，根据已经设计好的草稿，直接进行描摹绘制。

（5）钱币介绍

当这款钱币设计完毕，可以引导小朋友们对自己的“大作”进行一个简单介绍，解释自己所绘制的元素都代表了什么含义，加强孩子的自我表达能力。

**★ 课后叨叨**

在孩子们设计完毕之后，我们还可以再为孩子普及一下有关货币的拓展知识。这个需要我们家长提前做一些功课。此外，如果当地拥有钱币博物馆，还可以在游戏结束之后带领孩子去参观钱币博物馆，了解货币的发展历程。

## 三、借用黑板设立银行

在孩子上幼儿园的时候，很多人家里都会购置一块小黑板，方便孩子的日常教育。

这样的小黑板，大致可以分为两种：一种是可移动的小黑板，好处是方便，可以随时随地移动；另一种是粘贴在墙壁上的黑板，固定在一处，可以长久使用。

这两种都可以。

既然物料都是已有的东西，我们正好加以利用。黑板最主要的功能之一，便是记录。我们恰好可以利用这块小黑板，模拟银行的基本运营状态，让孩子对于银行有一个基本的认知。

虽然现在的银行网点非常普遍，但是，在孩子还小的阶段，他们其实去银行网点的机会并不多。

那么，我们该如何利用这块小黑板呢？

银行的运转非常复杂，我们的游戏自然无须按照那般去做。按照最基本的原理，让孩子了解存款、取款、利息、余额这几项就可以了。

接下来，我们按照四分法的方式，做一个简单的绘制即可。对了，如果孩子的存钱罐还在的话，可以配合着使用。

<table>
<tr><td>存款：500元<br>1</td><td>取款：<br>6月1日，取10元<br>6月6日，取20元<br>2</td></tr>
<tr><td>余额：<br>6月1日，余490元<br>6月6日，余470元<br>4</td><td>利息：（可视情况而定）<br>3</td></tr>
</table>

具体操作步骤如下：

第一个方格：存款。

在这个时候，孩子通常会有一些自己的存款。我们和孩子一起清点一下存款的具体金额，清点完毕，将这个数字记录在第一个方格中。

我们暂且假设这个金额是500元。好了，这个时候问题来了，这些钱的实物，要放在哪里呢?

理论上，父母就是这个银行，钱都放在我们这里，孩子只需要看黑板上的数字就可以了。

可实际上，对于孩子来说，这样的做法可能会有不安全感，因为他们看不到自己的钱了。

所以，可以配合着存钱罐使用，存钱罐相当于银行的保险箱，钱仍然在保险箱里。

现在有了黑板上的银行，孩子能够及时掌握自己的资金状况，更加直观方便。

第二个方格：取款。

这个方格中，主要是记录孩子取钱的明细。每当孩子取走一笔钱的时候，就记录一笔。如果取款次数多了，可以固定擦除更新。

需要注意的是，每当孩子取走一笔钱，余额的部分，也要及时更新变动。让孩子知道，自己银行里的钱在不断减少。

那么，存钱罐里的钱，要不要也相应减少呢?

其实，是可以维持原来的存款金额500元不变的。孩子每次取走的钱，我们家长给到孩子就可以，等到每个月的月末进行结算时，再从这500元里拿走，这样做更为方便。

第三个方格：利息。

利息的计算方式既要考虑到余额的多少，也要考虑到天数的多少，这样算下来，是不是比较麻烦?

如果真的这样，那的确很麻烦。毕竟，我们是一个模拟游戏。

我们可以和孩子约定一个时间，每个周末或者每个月末，根据余额的多少来核算利息即可。存款利率标准，我们可以参考一下各大银行的官网，非常方便。

计算利息的最主要目标是要让孩子明白，原来钱是可以生钱的。而且，余额越多，利息也就会越多。

第四个方格：余额。

关于余额，前面已经谈到了一些内容，这里不再过多讲了。一个小提示，就是这一方格的数字，可以比其他三个方格内的数字写得更大一些。

这样更加清晰醒目，可以让孩子格外注意到存款的变化。

### ★ 课后叨叨

最后要说的是，孩子在这个年龄阶段，要计算多位数的数字，显然会存在一定的困难。我们可以酌情考虑，选择的金额可以少一些。坚持一段时间下来之后，孩子会对加减法有一个基本的认知。最重要的是，在日常的生活中，孩子在潜移默化中熟悉了存款、利息等概念，明白了钱可以生钱的道理。

## 四、去银行完成第一笔存款

在前一节的内容中，我们讲了借用黑板设立虚拟银行的办法。这里又让直接去银行，你可能要问，是不是重复了？

当然了，从本质上来讲，二者都是一样的。

不过，如果从活动形式与活动目的的角度出发，这两个小游戏还是有较大不同的。

当我们在家里体验了一段时间虚拟银行之后，孩子心中可能会慢慢产生疑问，真正的银行是什么样子？

作为父母，我们也可以借机为孩子正式介绍一下去银行存钱的流程，这样做的目的有两个。

第一个是形成仪式感。让孩子亲手把自己的存款交给柜台工作人员，这样孩子会非常高兴，以后也会积极主动去重复这个动作。

就像是我们在超市的时候，让孩子第一次拿着现金去单独结算，孩子以后也总是愿意自己去结账。

第二个是沉浸感。我们都知道，现在去银行网点办理存款等事项，都不免要排队，少则十几分钟，多则几十分钟。

对于孩子而言，从取号、排队到提交材料，再到最后拿到自己人生的第一张银行卡，这些都是新奇的体验。

好了，那我们开始与孩子一起，开启这趟银行之旅吧。

**1. 准备资料**

五六岁的孩子，可以办理银行卡吗？

不用担心，很多银行都是可以办理的。在监护人的陪伴之下，带着户口本和监护人的身份证就可以了。如果孩子已经办理了身份证，监护人和孩子都拿着身份证也可以。

**2. 取号排队**

当我们取完号之后，可以趁着排队等候的时间，给孩子讲解一下在银行内部所看到的东西。

**3. 办理银行卡**

当我们等待了一会儿之后，终于轮到我们坐在柜台的前面了。我们把所需资料交给孩子，让孩子与柜台工作人员尝试沟通，以此清晰地表达自己想要做什么。

办理完银行卡之后，就可以存钱了。

**★ 课后叨叨**

你可能要问了，孩子都有存钱罐和黑板银行了，还需要往银行里存什么钱?

其实呢，随着我们生活水平的提高，孩子的存款金额也越来越多，长辈们给孩子的压岁钱和礼金也水涨船高。我们可以帮助孩子合理分配一下。例如，当孩子一下收到了3 000元的压岁钱时，可以建议孩子拿出2 000元，存到银行卡里。如果采用零存整取的方式，积少成多，将来也可以获得一笔不错的收益。剩下的钱，仍然可以存在“黑板银行”里，方便日常使用。

## 五、帮孩子获得第一笔收益

在前面的两个章节里，我们已经帮助孩子了解了什么是存款，以及银行运行的简单规则。

在这个章节里，我们的目标，是重点帮助孩子获得属于自己的第一笔收益。

为什么要做这个呢?

很简单，让孩子明白一个道理，钱可以生钱。只有让资金周转起来，让钱持续地生钱，才能获得更多的收益。

养成存款的好习惯，形成科学的消费观，是培养孩子财商的基础。让孩子具备钱能生钱的意识，这是非常重要的一点。

在日常生活中，我们习惯把钱存到银行里，有两个原因：一个是安全，一个是可以获得利息。

但是，银行定期存款的方式，通常要存 3 年以上才能获得相对高一点的利息，不利于孩子感知。而活期的利息，基本可以忽略不计。

我们如何通过理财的手段，帮助孩子获得第一笔收益呢？

无论哪种方式，前提只有一个字，稳！

对于很多的理财新手父母来说，通常不建议一上来就通过股票和基金的方式，帮助孩子获得收益。

我们尽量优先选择存取灵活、收益保本的产品。

| 平　　台 | 7 日年化（%） | 理财金额 | 收　　益 |
| --- | --- | --- | --- |
| 余额宝 | 1.487 0 | | |
| 财付通 | 1.704 0 | | |
| 国债逆回购 | 1.680 | | |
| 券商 App | 1.980 | | |

（该表格中的 7 日年化收益率为 2022 年 10 月的标准，作为示例，仅供参考）

在上述表格中，除了大家熟悉的余额宝和财付通之外，国债逆回购是非常稳健的一种理财方式，操作也非常方便。具体操作方式，参考第三章。

在上述表格中，我列举了券商 App，也就是可以炒股的软件，优先选择知名品牌的平台，有信誉保证。

而其他一些打着高收益率的理财产品，一定要谨慎，避免陷入非法的理财陷阱。

**★ 课后叨叨**

最后说说我妻子的亲身经历。她大学刚毕业那会儿，工资3 000元。在交完房租以及日常开销之后，所剩无几。那个时候，她也没有任何的理财概念，以至于工作后很长一段时间，即使赚了钱，也只会让这些钱趴在银行的账户里，甚至都没有定期存款的计划。着实错过了不少利息收益，实在是遗憾。

## 六、在游戏中学会感恩

对于多数的孩子来说，这个年龄段已经拥有了感恩的意识。表达感恩之情，也有很多种方式。一份恰当适中的礼物，是孩子可以表达感恩之情的直接方式。当然啦，我们不是提倡送礼之风，之所以从这个方式着手，因为涉及如何教孩子选购礼物，这也是我们财商启蒙过程中不可错过的一个游戏。

孩子们的第一次正式送礼物，多数是在教师节的时候送给老师一张贺卡或一束鲜花，或者是送给同学小伙伴一份生日礼物。

但是，对于父母长辈亲戚朋友，以及其他有交集的社会人士，孩子们却很少会去做这个事情。事实上，这同样是有必要的。

所以，通过这个小游戏，希望孩子在参与中能够获得一些收获，一方面是学会向身边的所有人表达感恩之情；另一方面，在完成一个“项目”的过程中，可以进一步形成对资金与物品的把控和认知。

怎么帮助孩子完成一次礼物的选购与送出呢?

有的人可能要说：“哎呀，作为家长，我们选好东西，让孩子亲手送过去，不就好了吗？”

如果真的这样做，那不就违背了我们的初衷吗？我们不妨试着让孩子成为游戏主体，可以按照下面的环节，让孩子参与进来。

好了，那我们与孩子一起，开启这次的游戏之旅吧。

**1. 确定一份名单**

“涵涵之前送给过我一个棒棒糖。”“姑姑之前给我买过挖掘机。”“舅妈给我买了一套衣服。”

原本以为要送礼物的人很快可以确定下来。

事实上，当我们和孩子一点点回忆需要送出礼物的对象时，就会发现，孩子想要送给礼物的人，还有我们应该礼尚往来的对象，着实不少。

我们不妨按照这个顺序：长辈——亲戚——老师——同学。

当确定完名单之后，我们再看一遍，检查是否有遗漏。

**2. 确定预算上限**

我们经常说一句话，叫作“礼轻情意重”。

孩子的礼物，无须贵重，一张贺卡、一份文创产品、一件自制礼品等都是可以的。

在这个原则之下，我们来确定一下总预算的金额。

为什么一定把总预算的金额确定下来呢？这非常重要。因为对于孩子来说，他们更想买自己喜欢的，却难以区分价格的高低。

一旦看上了价格较贵的物品，将会是一笔不小的开支。

我们和孩子商定一个上限之后，根据刚才已经确定下来的人数，这样就可以计算出单个礼品的价格。

然后，以这个单价为参考，去选择符合我们要求的礼物。

**3. 选购礼品**

现在电商购物十分发达，有很多商品可以选择作为礼品。无论是贺卡也好，还是其他商品也好，每个家庭都可以根据自己的实际情况来决定。

相比之下，我们还有一些其他的选择，例如购买一些慈善机构推出的周边产品，如果恰好是在预算之内，不妨试试这个选择，会让礼物更有意义。

**4. 亲手绘制祝福**

当礼品到达之后，最重要的一个环节，也是能够体现孩子心意的地方，那就是请孩子动手，绘制一些他们想要绘制的图案，然后由家长附上孩子们的祝福语。

当绘制完毕，请孩子郑重地把礼物装到礼盒中。

**★ 课后叨叨**

当一切准备完毕，就可以让孩子在合适的时机，把礼物一一送出去。这个游戏活动的初衷，是让孩子们通过送礼物，做到心怀感恩，增加与身边人的沟通，促进情感的交流。

## 七、让孩子爱上做家务

学会做家务，是孩子人生成长道路上的必修课。让孩子学会做家务的好处自然是很多的，想必家长朋友们也都知道，我们在这里就不过多讨论。

然而，在现实生活中，想要让孩子爱上做家务，并不是一件容易的事情。做过几次之后，孩子就嚷着累，再也不愿意做家务了。

其实，让孩子喜欢上做家务，也并非一件困难的事情，只是我们可能没有找到最适合孩子的方式。

接下来，不妨试试这个有趣的玩法，让孩子爱上做家务。

很多人可能都玩过类似于消消乐的小游戏，持续不断消除，会让参与者产生很大的成就感，一直乐在其中。

我们要与孩子一起玩的这个游戏——井字表格大消除，就是借鉴了这个方式。

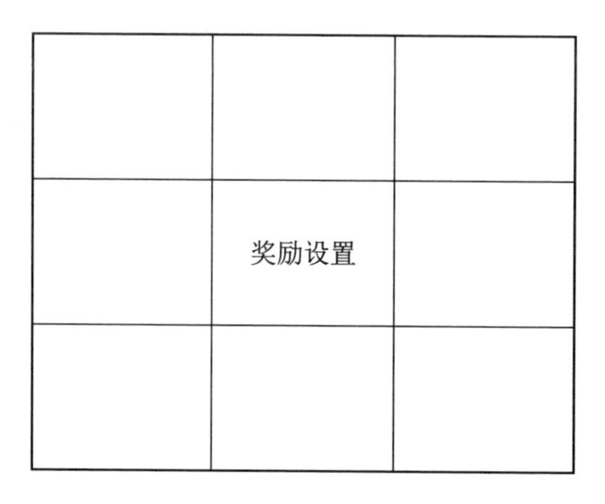


在井字游戏表格中设置不同的家务主题，通过消除家务的方式，让孩子更有动力在家里参与家务扫除的行动！

我们先来准备一张纸，然后画好一个九宫格。这个游戏要想最大限度激发孩子的兴趣，关键在于以下几点：

（1）在表格中写下孩子本周需要完成的家务活动，横向与纵向的难度要逐渐增加。中间的方格先空出来。

（2）空出来的中间方格，主要是用于设置奖励。根据孩子平时喜欢的物品来设置，以确保孩子的积极性。

（3）设置好游戏规则，可以是“一键三连”，横向或纵向连续完成3项。每完成一个表格中的家务，就可以获得1个积分；如果在一周之内完成全部的任务，则可以获得8个积分。家务全部完成之后可以获得中间的目标奖励。

为了避免孩子急于得到礼物，在很短时间内就完成所有的家务，我们最好再加上一个附加条件，每天只能完成1～2项任务，从而延迟井字表格完成的时间。

除了井字表格之外，还有一些其他的活动，我们可以和孩子共同完成，例如通过比拼的方式，在规定时间内整理自己的卧室，看谁最先完成。这种比拼的方式也屡试不爽。

**★ 课后叨叨**

对于我们大人来说，从清单上划掉一些东西，往往感觉更有效率。如果是在表格里添加一个个完成的任务，可能就没那么容易坚持了。对于孩子来说也是如此。井字游戏就很好地利用了这一心理特点。

## 八、职业体验要趁早

我们在小的时候，经常被人问到将来长大了做什么，答案往往是成为科学家、作家、军人等，想到的也都是美好的职业画面。

然而，当长大之后，每个成年人在自己的职业生涯中，都或多或少经历了各种失误、挫折和失败。

就拿我自己来说，大学时的专业是广播电视新闻学，当时最大的梦想是成为一名记者，可以用妙笔著文章，实现铁肩担道义的记者梦。等到走入社会工作之后，我做的工作都是和文案有关系的。虽然经常会和媒体打交道，但是一直没有机会进入媒体工作。

在我工作的十年时间里，从来也没有想过，有一天我会写书，又成了一名写作者。

我并不是说这些职业中的任何一个不好，如果我在更早的时候对于工作有了多一点的认识，可能对于心中的目标会更坚定一些。

所以，我们在鼓励孩子追逐梦想的同时，也应该为职业添加一些现实元素。这对于孩子的职业探索来说是一件好事。可以通过以下三种途径，让孩子进行职业体验。

**1. 职业主题绘本**

《用游戏带孩子体验职业的快乐》系列绘本，虽然都是以动物为主题，但基本都是现实的真实写照，很多平时注意不到的小知识，都能够在这本书里找到。

这套绘本中的各种职业相关的内容非常丰富，书中的插画也非常治愈，跟随小动物进行职业体验，不枯燥，趣味十足。

《皮特猫职业大体验》的主人公是一只非常可爱的皮特猫，书中的职业有消防员、司机、蛋糕师以及可以遨游太空的宇航员。这套书不仅仅停留在对职业的介绍上，还有讲述皮特猫遭遇职业挫折，最后成功克服困难的故事。

《给孩子的职业启蒙系列》这套书里增加了当下一些热门的职业，例如程序员和宠物医生。这套书的一大特点，是书中有很多与孩子互动的地方，提供了一种沉浸式阅读体验，有助于孩子对职业感同身受。

当然，还有其他书籍，像《长大干什么》职业体验贴纸书、《知道得更多》《我们的一天》，等等。如果孩子感兴趣，可以让孩子多体验一些不同的角色。

2. 职业体验馆

在阅读完相关的书籍之后，如果孩子的兴趣十分浓厚，我们可以带孩子去职业体验馆感受一下。很多城市里都有儿童职业体验馆，找到一家并不难。

我们在选择儿童职业体验馆时，如果对方能够有一些配套的内容，那可是妥妥的加分项，例如专门的职业讲解人员，接近真实的演练环节，让孩子的角色有分工，明确挣工资与消费项目等。

需要注意的是，一些儿童体验馆的体验过于娱乐性，与普通的游乐场没有太大的区别，这样的探索效果可能会大打折扣。

3. 参观工作单位

如果有机会的话，还可以带着孩子去参观一下家长自己的工作单位。是否有这样的机会，实际上取决于我们家长自己。

因为职业不同、工作环境不同，一些家长不愿意带孩子去自己的工作单位，这样的心理负担还是存在的。

我想，这恰恰是带着孩子去参观工作单位的必要性，让孩子了解每一个职业现实的一面。所以，如果家长有机会的话，请一定要带孩子去参观，感受每一份职业最真实的一面。

**★ 课后叨叨**

在我们的生活中，一个人的收入往往和自己所从事的职业有着密切关系。对于孩子来说，影响职业选择的因素有很多。除了孩子的自身努力与选择之外，我们家长可以尽可能为孩子提供不同的职业体验或是一定的引导，让孩子在成长道路上少走一些弯路。

## 九、成为一名尽职的收银员

在孩子们众多的玩具之中，一个收银机玩具通常都是少不了的。这种玩具，有的设计得非常真实，甚至还增加了手机扫码支付的功能，非常先进。

家长们是否也曾考虑过，为孩子购买一个崭新的玩具收银机？是否又很怕孩子只是按了一堆按钮之后就丢弃在一边？

别担心，这个收银员游戏可以帮助孩子学习如何处理金钱、如何数钱，甚至还能了解如何经营一个商店。

我们先来看看要做哪些准备工作。

收集物品：看看家里都有哪些物品，例如冰箱里的食物，蔬菜、零食、饮品等都可以。

参与者：除了孩子之外，如果有其他小朋友参与进来也可以。

收银机：任何一种收银机玩具都可以。

第一步：列一份物品清单。

请孩子先来准备一份物品清单吧，为盘点自己的“商店”库存和定价的工作做好准备。

家里都有哪些物品可以用来在商店销售呢？

把找到的适合的物品名称填写到表格之中。当然，你也可以用一张自己准备好的纸，记录下来。

| 冰箱区域 | |
|---|---|
| 橱柜区域 | |
| 零食区域 | |
| 玩具区域 | |
| 水果区域 | |

第二步：确定数量，并为物品定价。

我们根据前面的表格，在整理完物品名单之后，盘点一下每种物品对应的数量。这个工作通常是非常重要的，而且需要非常细心。

盘点完数量之后，再请孩子为这些物品进行定价。可以参考超市的价格，也可以参考电商平台的价格，尽量确保贴近真实的价格。

| 数　量 | 单　价 |
| --- | --- |
| | |
| | |
| | |
| | |
| | |
| | |

第三步：比较价格。

在列完价格之后，请孩子来比较一下表格中这些物品的价格：哪些物品价格高，哪些物品价格低？让孩子思考：蔬菜、水果、肉类、玩具等的价格，为何会相差这么多？

第四步：二次定价与交易。

孩子们在了解完真实的价格之后，如果仔细观察，可能会发现一个特点，很多物品的定价不是整数，例如3.99元、9.9元这样的定价非常普遍。

在这样的情况下，他们不需要使用与他们发现的价格完全相同的价格，可以重新对这些物品进行定价变为整数，9.9元就可以设置为10元。这样做的最大好处在于，不仅可以接近真实的价格，还方便孩子们进行交易。

可以使用硬币或者纸币进行交易。尽量多准备一些1元钱，让孩子尝试找零钱，进行简单的加减法计算。

### ★ 课后叨叨

初次玩这个游戏，孩子可能会感觉烦琐，或者缺少耐心。为了避免这种情况出现，在寻找物品的过程中，我们可以和孩子开启竞赛的模式，看谁能先找到约定数量的物品，激发孩子的动力。现金交易结束之后，也可以帮孩子盘点一下今天的“生意”如何，对于孩子的表现，给予一定的奖励。

## 十、请孩子为午餐定价

这个年龄段的孩子一旦尝过了外面餐厅的美食，就会总是想去外面吃饭。因为和家里较为清淡的食物相比，餐厅里的食物实在是太“美味”了。孩子们不会考虑餐厅美食的价格，只要好吃就可以。

在餐厅，一道地三鲜这样普通的菜，往往也要二十几元。一份肥牛汤，也要五六十元。但如果我们以价格贵的理由来拒绝孩子到餐厅吃饭，显然无法有效说服孩子。

如果想减少孩子频繁去餐厅的请求，不妨邀请孩子一起来玩这个为午餐定价的游戏，让孩子了解为什么餐厅会贵，以及食材的实际成本如何。

选择一个周末的中午，和孩子一起决定午餐要做什么，对每种食材进行定价，以获得这顿饭的总成本。

以下是孩子能做的：

·选择他们想要的食谱；

· 确定每种食材的成本；

· 观察做饭需要的时间；

· 算算这顿饭的销售价格；

· 支付这顿饭的费用。

我们就以刚才说的地三鲜为例吧，如何计算成本？

先帮助孩子确定所需要的食材，让他们估计每种食材需要的成本。然后再到超市里购买，购买完毕，将食材的价格填写到表格里。

| 食　　材 | 成　　本 |
| --- | --- |
| 土豆____个 | |
| 青椒____个 | |
| 茄子____个 | |

食材购买回来之后，我们和孩子开始清洗制作，经过了完美的烹饪之后，一道美味的地三鲜出锅。

这个时候，我们请孩子确定一下，这个过程中涉及的选项，做好地三鲜需要的时间，其他隐性成本如水、电、油，成本预计需要多少等，继续填写一下。

| 其　　他 | 成　　本 |
| --- | --- |
| 制作时间 | |
| 水、电、油 | |
| 饭后清洗时间 | |

好了，经过前面的计算，我们来看看这道菜的总成本和餐厅中的销售价格：

| 总成本 | 销售价格 |
| --- | --- |
| 10元左右 | 20～25元 |

可以看出，我们在家做完这道菜的总成本，仅仅需要10元，而餐厅售价可能超过20元，自己做比较省钱。

这个时候，孩子可能会大为惊讶：原来在家做饭比餐厅吃要省这么多，在家做的味道也不差，看来还是在家吃饭好。到这里，我们的目的便达到了。

**★ 课后叨叨**

事实上，从财商启蒙的角度，我们还应该告知孩子更多的真相——商家的成本。商家除了食材成本之外，其实还包括了房租、人员成本等，这通常是占比非常大的成本。而我们在家里吃饭，固然省了钱，但是自己要付出较多的时间。

## 第三节 7～8岁，入门阶段

进入这个年龄段，很多孩子对金钱已经有了初步的认识，并且在日常生活中，消费意识慢慢开始增强，购买的欲望也在不断提高。

因此，这个年龄段是非常重要的时期，既要恰当满足孩子不断提高的物质需求，也要学会正确引导孩子理性消费，恰当引导孩子的消费观。

“宜疏不宜堵”非常重要。因此，这一章里我准备了5个能够引导孩子消费意识的游戏，同时还有5个消费习惯做减法的游戏。通过游戏化的思维，让孩子在消费过程中学会做减法。

## 一、给生日蛋糕补差价

“生活一定要有仪式感”，很多年轻的家长们都奉行这句话。因此，孩子的生日是非常重要的一个活动，要有蛋糕，还要邀请同学和好朋友来参加生日聚会。

在生日聚会上，除了礼物之外，一个精美的蛋糕才是焦点与核心。

假如孩子的生日还有一个月就到了，当你挑选出一款满意的蛋糕之后，无意中被孩子看到。万万没有想到，孩子竟然对你精心挑选的蛋糕不太“满意”，孩子想要一个更精美的蛋糕，可是价格也要贵好几十块，甚至是上百块。

这个时候，我们通常情况下会费尽口舌，给孩子讲一番道理，比如原来的蛋糕如何如何好。然而，孩子并不以为然，还是坚持要自己看中的那一款。

遇到这种情况该如何是好？其实没关系。既然孩子想要，那可以买。前提条件是，这个差价，需要孩子自己来补。

孩子一脸茫然：我怎么补这个差价呢？这时，不妨让孩子试试下面的办法。

**1. 通过家务劳动兑换积分**

我们可以把一个星期或一个月作为一个时间单位，在这个时间里，设定一个任务量，让孩子来完成这些家务。

每次做完家务，可以获得一面小红旗、一个小星星，或者是记一个积分，这几种形式都可以。如果孩子在做家务过程中存在“敷衍”的行为，家长需要认真指出，并扣除对应的积分，以此督促孩子认真完成任务。

**2. 利用周末协助父母做一件事情，获得额外报酬**

很多人认为，这个年龄段的孩子能够做的获得报酬的事情，似乎只有做家务这件事，其实不然。

实际上，还可以做一些家务以外的事情，例如清洗车辆。当车子不太脏的时候，我们完全可以自己来擦拭一下，这个时候，就可以叫上孩子一起。

有人可能说，天气冷的时候这个就没法做了，不可能让孩子再去洗车。其实，孩子仍然可以做，比如擦拭汽车内部，让内部焕然一新，这也都是可以的。

**3. 学会做一道简单的菜，成为妈妈的厨房好帮手**

需要煎炒的菜，还是有一些难度。热油容易伤到孩子。如果是帮助妈妈下厨房，可以完成洗菜等前置环节。如果是自己完成，可以让孩子做凉菜，全部自己完成。

在一个时间段之内，孩子一共需要做几次菜，完成任务即可补齐差价。

**4. 完成一件手工作品，除了画画之外，还可以尝试缝纫或者陶艺等一些有挑战性的活动**

还有最简单的方式，那就是让孩子从日常的零花钱里节省下来。如果差价较少，孩子能够节省下来零花钱比较多的话，可以配合上述的活动来进行。

**★ 课后叨叨**

在现实生活中，多数的孩子们都生活在物质丰富的环境之中。一个蛋糕，一两百元或两三百元的价格，对于家长们来说可以轻易买到。但是，到了这个年龄段，更应该让孩子明白不是想要什么都可以得到，而是通过自己的付出，才能实现自己想要的目标。

## 二、体验超市与菜市场的不同

自从移动支付变得流行之后，我经常能够听到身边的朋友感叹：对于现金，几乎快没有什么概念了。

以前拿着100元钱去购物，在买完东西之后，我们总会不自觉地衡量一下，原来100元买了这些东西。现在使用手机支付，今天花了100元，明天花了200元，后天花了20元，都是“滴”的一声，钱就被划走了。而买的东西，也换成了一个个外表都相似的快递包裹。

大人尚且如此，小孩子更是没有明确的感知。这一次，让我们一起带着孩子，通过体验超市与菜市场的不同，来对钞票以及不同的购物方式有一个直观的对比吧。

这一天，孩子突然嚷着要吃红烧肉，正好你也有此意。如果再搭配一个素菜，就更完美了，那就来一个平时最爱吃的西红柿炒鸡蛋吧。

在购物之前，突然发现，家里有2张50元面额的纸币。那就这样，每人一张50元，我们看看在超市和菜市场，是否能够购买到相同的东西。

先来规划一下50元怎么花：

·30元购买五花肉；

·10元购买鸡蛋；

·10元购买西红柿。

先来到超市，转了一圈，通过观察标签上的价格，估算了一下：

·30元，能够买到1斤的五花肉；

·10元，可以购买2斤鸡蛋；

·剩下的10元，能够购买5～6个西红柿。

在超市看了一遍之后，我们再去家附近的菜市场逛一圈，按照超市中的斤数来购买。

最后，孩子可能惊讶地发现，50元钱，不但买到了1斤的五花肉、2斤鸡蛋、6个西红柿，居然还节省出了5 ~ 10元，没有全都花掉。

孩子可能会好奇：为什么同样的东西，超市里50元能花光了，而在菜市场购买还能节省下来这么多钱呢?

这个时候，我们就可以给孩子划重点了：超市是统一经营、统一定价，所以同类商品的价格是固定的。而且，超市的经营成本高，售价也会略高一些。

菜市场不同的摊位，定价是摊主自己决定，每个摊主的价格不一样，会由以下因素导致。

（1）进货渠道不一样：渠道往往决定了成本的高低，渠道不同，成本也会有高低之分。

（2）摊位的位置不一样：人流量大的位置，租金贵，菜价略高；人流量一般的位置，租金便宜一点，菜价也会便宜一点。

（3）销售时间长短不一样：有一些对保鲜度要求高的产品，越新鲜时，价格是最贵的；随着新鲜度减弱，就会出现降价销售的情况。

（4）商品的品质不一样：摊主老张和老王，都是卖鱼的。同一种鱼，老张的是捕捞自远海；而老王的鱼却是近海养殖。品质不一样，老张的价格就要贵一些，老王的就会便宜不少。

### ★课后叨叨

在这个游戏环节里，我们尽量带着孩子比对一下不同摊位之间的价格差异，让孩子学会货比三家，培养孩子对于价格的敏感度。做一个精明的买家，才能在将来有机会成为一个熟悉消费者心理、拥有精明头脑的卖家。

## 三、培养孩子的预算思维

之前，我在一本书中看到过这样一句话：预算就好像是黑洞中的明灯，它会照出你钱包中的漏洞。

看到这句话的时候，我心里第一感觉：说得实在太形象了。为什么这么说呢？想想我们平时花钱的状态，要么是大手大脚非常随意，要么就是无法控制自己的欲望，一不小心最后变成了“月光族”。

预算不仅可以帮助我们达成某些愿望，还能够使我们摒弃不恰当的欲望。对于孩子来说，我们该怎么培养孩子的预算思维呢？

好了，我们下面就从这个游戏开始吧。

现在汽车非常普及，很多家庭都拥有一辆汽车，出行非常方便。每逢周末或者节假日，一家人就可以来一次短途自驾游。在准备出发之前，基本都是父母们在考虑要买什么东西、带什么物品，孩子只是关心他最爱吃的东西和最爱玩的物品。

这一次，我们不妨改变一下，邀请孩子加入旅行前的准备工作。

首先找来一张纸，共同把可能需要花钱的地方罗列出来。例如：

· 门票费用；

· 汽车加油；

· 停车费用；

· 购买食物；

· 景区午餐；

· 景区零食；

· 小纪念品；

· 其他。

我们开始计算一下具体的费用吧。

（1）短途自驾游的景区或者公园，价格通常较为便宜。3个人的门票，我们假设需要60元。

（2）短途的话，给汽车加油，根据实际消耗情况，我们按照100元来算。

（3）现在很多景区的停车都是单独收费，通常情况，都是一天10元。

（4）在出游携带的食物这个环节，可多可少，我们假设为150元。

（5）景区午餐通常比较贵一些，一家三口吃饱，预计在120元。

（6）景区里都会卖各种零食，虽然携带了食物，小朋友和大人都会忍不住想吃，假设需要花费50元。

（7）景区里的纪念品，价格并不便宜，我们按照30元来算。

（8）其他方面，也可能有需要花钱的地方，我们按照50元来算。

好了，根据上面罗列的清单，我们来计算一下，这一趟需要花费多少钱：共计570元。

当看到这个结果的时候，我们开始和孩子沟通："哎呀，这么多，已经超出我们的预算了。我们只有400元，需要少花费170元，我们一起看看哪些是可以尽量不花的费用。"

门票、加油、停车费、午餐这4项，都是必需的。

那就从其余4项里，开始压缩吧。

（1）携带的食物，从150元压缩至100元也不是不可以，节省出来50元。

（2）景区的零食，就吃一个或者两个吧，从50元压缩至20元，节省出来30元。

（3）当到了景区纪念品的时候，孩子可能不愿意了，坚持想要保留这个预算。由于家里已经有了很多玩具，经过与孩子的一番协商，孩子终于放弃，这样又节省出来30元。

（4）用于其他地方的50元预算，似乎也可以省略，节省出来50元。

再次一番计算下来，现在已经压缩了160元。距离目标还差10元，怎么办呢？

事实上，其他几项基本都是必要的支出，午饭可以根据实际情况进行压缩。不过，压缩预算不要影响必要的支出，仍差了10元，但是已经基本接近了我们的预算目标。

“太好了，我们节省了 160 元钱。”当我们和孩子分享这一成果时，孩子可能会不太高兴，因为不能买自己想要的东西了。

这个时候，我们可以告诉孩子，节省下来的 160 元，就归他拥有，放到存钱罐或者是虚拟银行里，之后就可以获取收益了。

听到这里，孩子终于明白，父母为什么如此煞费苦心了。

### ★ 课后叨叨

其实，学习预算思维不仅可以帮助孩子控制欲望，还能够帮助我们去赚钱。因为通过制定合理的预算，可以将节省下来的资金，用作再投资的资本，这样才能够实现钱生钱。当然，对于孩子来说，真正的投资赚钱是在长大后，小的时候能够具备预算思维，那就可以为将来打下一个良好的基础啦。

## 四、帮助孩子树立优先级意识

这个时期的孩子，消费意识开始觉醒。并且，在同学的影响下，购买欲望越来越强烈，经常会要求家长购买东西。买完了这个，看到想要的东西之后又要买。如果一味地压制孩子的欲望，结果很可能适得其反。你越是压制，孩子的欲望可能就会越强烈。

在这样的情况下，我们不妨反向引导一下："你想要买好几样东西是吧？没问题。"我们先答应孩子的购买请求，然后邀请孩子来了解"优先级"这个互动游戏。

我们一起来看看购物优先级中的四个等级次序吧。

| 孩子如何选择自己的目标 | |
|---|---|
| 优先级 | 最需要的，而且价格不贵 |
| 次优先级 | 想要的，价格不贵 |
| 第三选择 | 非常想要的，但是价格比较贵 |
| 最后选择 | 想要的，价格比较贵 |

如果孩子弄明白了这个购买优先级，那我们和孩子一起来试试具体操作。

现在准备去买东西了，请家长们简单罗列一个商品购买清单，暂定这四件东西吧：面包、文具用品、玩具、衣服。

现在，请孩子根据优先级原则，把四件东西依次放到对应的位置吧。

| 孩子如何选择自己的目标 | | 物　品 |
|---|---|---|
| 优先级 | 最需要的，而且价格不贵 | |
| 次优先级 | 想要的，价格不贵 | |
| 第三选择 | 非常想要的，但是价格比较贵 | |
| 最后选择 | 想要的，价格比较贵 | |

当孩子填写完毕，这个时候再设定一个购买金额，假设只有20元，能够购买3件东西。这个时候，打算优先购买哪3件东西呢？再次填写一下吧。

| 孩子如何选择自己的目标 | | 物　品 |
|---|---|---|
| 优先级 | 最需要的，而且价格不贵 | |
| 次优先级 | 想要的，价格不贵 | |
| 第三选择 | 非常想要的，但是价格比较贵 | |
| 最后选择 | 想要的，价格比较贵 | |

现在，你的孩子能够理解优先级的含义了吗？

如果没能充分理解，可以再拟定几件其他的商品，按照上述表格的次序多做几次新的选择，重点是帮助孩子树立优先级意识。

好了，当孩子对按照优先级购买很熟练之后，我们再和孩子来一组互动测试，了解一下“重要性”和“紧急性”的问题。

假设一家人出门，爸爸先到达目的地，突然发现忘记带了几样东西，这时让孩子接电话，爸爸这样说："现在的天气比较热，忘记带水喝了。对了，我这手机快没电了，记得给我带上充电器啊。还有，你那个辅导书，今天得看几页。要是来得及，可以再买一些零食，如果来不及就算了。"

好了，根据爸爸打电话的提示，我们和孩子一起来判断一下，哪个是重要的、不重要的、紧急的、不紧急的。

在勾选的时候，可以单选，也可以多选，一起来试试吧！

| 重要级别 | 水 | 充电器 | 辅导书 | 零　　食 |
|---|---|---|---|---|
| 重要 | | | | |
| 不重要 | | | | |
| 紧急 | | | | |
| 不紧急 | | | | |

同上面一样，可以再更换一些物品，和孩子一起多练习几次，以便让孩子充分掌握。

### ★ 课后叨叨

上面的表格，其练习的核心是让孩子学会掌握事情的优先级，以及了解重要性与紧急性这两个原则。对于我们家长来说，这两项原则在日常的工作中也几乎是始终存在，它们对于我们处理繁杂的工作、提高工作效率有着重要意义。这两项原则如果孩子能够早早掌握的话，无论是在生活中，还是在将来的工作中，都将受益一生。

## 五、每年制作一个愿望袋

经常开车的家长朋友，应该会有一个这样的体会：当要去的目的地非常明确时，我们开车途中遇到堵车，要么是耐心等待红绿灯，要么是想尽办法绕其他的路，最终都会顺利到达要去的地方。

目的地就是我们的一个目标，在达成的过程中，即使遇到困难，也不会被这短暂的困难所阻拦。

对于孩子来说，树立目标也是十分重要的。但树立的目标不必过于远大，能够完成一个个短期的小目标就足够了。制作"愿望袋"的游戏，就是希望帮助孩子养成树立目标、达成目标的习惯。

需要事先准备的东西很简单：一支笔，四张卡片或者普通纸张。物料准备好了，接下来，和孩子一起开始今年的愿望袋制作游戏。请注意，我们要制定的愿望目标，不是成为科学家、音乐家这样的长远目标，而是一个个短期并且可以明确达成的目标。

现在邀请孩子，按照下面的四个目标方向，开始愿望袋的准备吧。

| 金钱目标 | 学习目标 |
| --- | --- |
| 生活目标 | 技能目标 |

在确定各个小目标的时候，尽量要小、短、有数可依。

所谓小，就是相对于大目标来说的，比如说“这个暑假，我要学好英语”，这样的目标有点大。

按照前面说的原则，可以改成这样：暑假里，每天背诵10个新的单词，练习口语30分钟。这样下来，目标的实现就更加具体了。

接下来，在每一个目标设定之前，我们先举个例子。孩子可以根据自己的实际情况，在表格里面填写好。

| 金钱目标 |
| --- |
| |
| |
| |

（示例：一个学期内，节省500元钱，购买一件自己最喜欢的物品。）

| 学习目标 |
| --- |
| |
| |
| |

（示例：每天至少向老师提出一个问题；每周学习一门新语言的3句生活用语。）

| 生活目标 |
| --- |
| |
| |
| |

（示例：一个学期，学会炒一道菜，帮助妈妈做两次饭；坚持一项运动，每天锻炼半小时。）

| 技能目标 |
| --- |
| |
| |
| |

（示例：掌握一个新的手工艺制作技巧；学会蛋糕烘焙，在朋友生日时亲手制作一个蛋糕。）

当孩子把上面的表格都填满之后，我们可以让孩子郑重地抄写到卡片上，然后贴到经常可以看到的地方，而不是放在盒子里或者布袋里封闭起来，以便孩子每天看到进而督促自己。这才是这个所谓的“愿望袋”的真正目的。

### ★ 课后叨叨

家长们读到这里，可能会心生疑惑，既然是讲财商的，怎么还有和财商无关的内容？事实上，7～8岁这个年龄段，是孩子性格与习惯养成的非常重要的一个时期。家长们在培养的过程中，既要广撒网培养孩子更多的兴趣，也要有针对性，这样才能有的放矢。二者不可偏失。

## 六、别再把收银条扔掉了

超市的收银条，能用来做什么？也能用来培养孩子的财商吗？答案是当然。

别看只是一张小小的收银条，日常生活中经常能够见到，其实它不仅可以用来核对购买的商品价格是否有误，把收银条积累起来，采用恰当的方法，也能够发挥出不小的作用。

又到了周末的家庭采购时间，当采购完毕，你是不是在核对完之后，又准备扔掉收银条了？千万别着急扔掉，不妨和孩子做一个约定，请孩子帮忙把这张收银条保存起来，本月内的每个周末都留一张收银条，请孩子保存。

这个时候，孩子们未必清楚为什么要这么做，可能对此也不感兴趣。此时，我们需要采取一些激励的小举措，例如在连续保存了四张收银条之后，可以获得一项奖励。具体玩法参考如下。

我们可以把一个月作为游戏活动的一个周期，每个周末花费的金额假设为：

| 第一个周末 | 200元 |
| --- | --- |
| 第二个周末 | 260元 |
| 第三个周末 | 150元 |
| 第四个周末 | 280元 |

好了，终于收集齐了四张收银条，这个时候孩子会迫不及待地想知道，许诺的奖品是什么？

等等，先别着急询问孩子想要什么奖品。在给予奖品之前，还有一堂财商分析课没有上呢。

第一步，先把四张收银条按照顺序摆放好，如果家里仍然保留了黑板，可以把收银条用磁力贴贴在黑板上面，标注出各张的金额。

第二步，找不同。让孩子看看，和第一周相比，第二周的花费金额为什么多了60元？多出来的部分，主要是用来做了什么？是不是必要的？

以此类推，第三个周末，花费的金额一下降到150元，少了这么多又是什么原因？最后一次购物，花费金额再次增多的原因又是什么？

如此做的目的，是希望孩子能够掌握家庭采购的实际情况，分析支出波动的原因，进而改进家庭的消费习惯。

第三步，对于孩子的参与，我们要言而有信。那怎么奖励呢？

可以看一下每两次消费的差额，找到一个最小的差额，如示例中的最小差额是20元。那么，这个20元就可以作为孩子参与的奖励。可以是现金，也可以是对应的商品，孩子自己选择。

### ★ 课后叨叨

这个小游戏，其实关键的地方在于，需要我们家长和孩子能够坚持下去。因为收银条极易丢失，要想顺利完成这个游戏也并非容易的事情。通过这个小游戏，孩子可以逐渐树立起分析意识，而我们家长也可以在参与过程中，慢慢发现家庭购物的习惯，找出并减少不必要的支出。

## 七、给捐赠机构名单“瘦身”

以前看过的文章和资料里，很多讲到少年儿童财商这个话题时都会提到，要把钱均分一下，其中一部分，可以用来捐赠。

出于本能认知，孩子知道做慈善是一件好的事情。不过，究竟有哪些慈善机构，自己为什么要捐，捐给谁等这些问题，大部分孩子可能还无法给出精准的答案。

不管怎样，当孩子将积攒已久的零钱拿出来后，就是要去捐给慈善机构。这个时候，我们该怎么办呢？

不用着急，我们不妨先准备好一张白纸，再准备一支笔，邀请孩子一起做下面这个互动游戏。

我们先来明确捐赠的方向，用四象限的方法列出来：

| 兴趣方向 | 希望工程 |
|---|---|
| 特殊群体 | 环境保护 |

根据这四个方向，看看孩子具体有哪些感兴趣的，可参考以下示例。

问：喜欢小动物吗？喜欢海洋里的生物吗？

答：喜欢。

好，那我们就在“兴趣方向”里填写：海洋生物保护，野生动物保护，或者流浪狗救助。

问：知不知道还有很多生活在山区里的小朋友，他们可能需要帮助？还有一些小朋友，没有课外书读？

答：真的吗？不知道他们需要帮助。他们真的没有课外书看吗？那我可以怎么帮助他们呢？

这样，我们就可以在“希望工程”里填写捐赠免费午餐、捐赠书籍。

后面的特殊群体和环境保护也是如此，可以和孩子互动，提一些问题，然后填充进去。请注意，在四象限的每个区域里，填写2～3个慈善机构或者项目的名称即可。

邀请孩子在表格里填好想要捐助的内容吧。

终于填充完了，轮到孩子犯难了：爱心有点泛滥，都想捐赠，到底捐赠哪个好呢？这个时候，我们就和孩子一起，来给这份捐赠名单进行瘦身。

先在每个象限里，只保留一个名额，这样最终仍然还保留着四项。然后，我们要与孩子继续采取“瘦身行动”，在保留的四个选项中，最终敲定一个进行捐赠的项目。

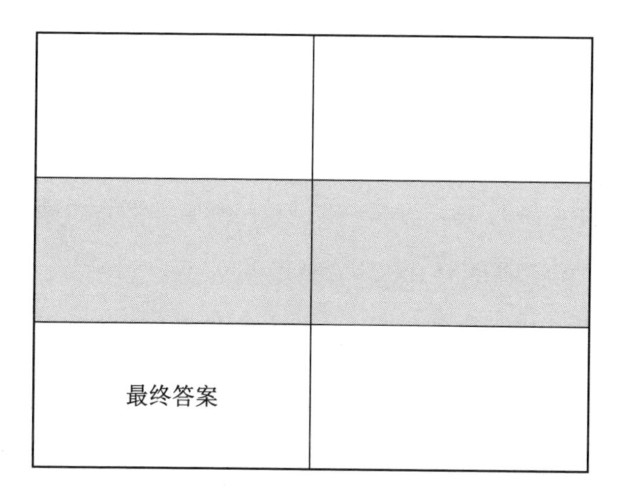


如果你与孩子顺利进行到这里，就要恭喜你，顺利通关了。

★ **课后叨叨**

对于捐赠行为，我们可以借助有影响力、有信誉、专业的互联网公益平台或者是官方组织机构，这样操作起来非常便捷，而且可以及时关注项目的反馈。让孩子看到慈善带来的一点点改变，这是非常重要的。不过，我们也要给孩子树立一个正确的捐赠理念，就是我们要在自己力所能及的范围之内去做慈善，切莫成为一种负担。同时，做公益需要坚持，这样才更加有意义。

## 八、让零花钱还有结余

对于零花钱的问题，我们在前面的内容里有过一些讨论，主要是围绕如何给孩子零用钱这个问题。随着孩子年龄的逐渐增长，拥有固定的零花钱已经是一个常态。

在这个时期，除了怎么给孩子零用钱之外，我们更应该关注孩子使用零用钱的行为习惯与特点。

“明明经常给零花钱，为什么总是不够花？”“零花钱越来越多，怎么不能储蓄一点呢？”“孩子的零花钱有时像个谜，根本不知道他们都买了什么，零花钱就没了。”

如果你也有同样的困惑，先别着急和担心。请读者家长和孩子们一起来互动一下，在下面这个表格里进行勾选。

勾选方式很简单：给零花钱的频次，可以由家长来决定。其余，可以由孩子来决定，或者是共同商议一下。

| 频　次 | 零花钱数额 | 是否有剩余 | 有攒钱计划吗 |
|---|---|---|---|
| 每周一次（1分） | 逐渐增多（1分） | 没有剩余（1分） | 有计划（3分） |
| 两周一次（2分） | 基本不变（2分） | 偶尔剩余（2分） | 没有（2分） |
| 隔周一次(3分) | 逐渐减少（3分） | 有剩余（3分） | 没想过（1分） |
| 分数： | 分数： | 分数： | 分数： |
| 各项得分总和： | | | |

（注：每一竖栏中为单选。）

如果勾选完了，简单计算一下，看看总得分有多少，在最后一栏记录下来。然后，参考下方的分数结果参照表。

| | |
|---|---|
| （得分：4分）<br>零花钱在减少，没有剩余，也没有储蓄计划 | （得分：10～12分）<br>零花钱在减少，有剩余，有储蓄计划 |
| （得分：4～8分）<br>零花钱基本不变或增多，没有剩余，没有储蓄计划 | （得分：8～10分）<br>零花钱在增多，有剩余，有储蓄计划 |

不同的得分，反映了孩子在零花钱问题上的基本表现。

| | |
|---|---|
| 4分 | 孩子缺少基本的财商能力，没有钱的概念 |
| 4～8分 | 花钱变得大手大脚，缺少计划性 |
| 8～10分 | 有着不错的财商能力，也有着不错的储蓄习惯 |
| 10～12分 | 孩子在面对一定数额的金钱时，更懂得节制 |

孩子的得分，如果为8～10分或者10～12分，都不必过多干预他们的零花钱习惯。如果孩子的得分低于8分，那就要给予一定的关注了。

现在，在商业广告的刺激之下，孩子们的购物欲望都较为强烈。让他们学会抵制广告的诱惑，学会分辨物品的好坏，可能是一件长期的事情。

相比之下，让孩子学会储蓄，则是一个比较容易完成的短期目标。

请记住，在为孩子设定目标时，需要根据他们的实际零花钱数量和能力来确定完成目标需要多长时间。例如，他们可能每周只有10元的零用钱，因此，1个月或更短的短期储蓄目标必须是10元或更低的目标。

接下来，帮助孩子实现储蓄目标的一个较容易的办法，是与孩子一起进行目标分解设置。

| 第一周 | 10% | 第五周 | 15% |
|---|---|---|---|
| 第二周 | 10% | 第六周 | 15% |
| 第三周 | 10% | 第七周 | 15% |
| 第四周 | 10% | 第八周 | 15% |

如果孩子还不能够理解或者换算百分比，可以改为列出每周的具体金额。

★ **课后叨叨**

我们经常能够看到这样一种说法，孩子胡乱花钱是因为他们不知道父母挣钱之不易。其实呢，这种教育方式本身没有问题。但问题在于，孩子们普遍都有一定的零花钱是当下的普遍情况，所以让他们养成合理支配零花钱的习惯，并且能够节省下来一点，这样或许更符合他们这一代人的生活方式。

## 九、“我想要”的替代品

到底该如何培养孩子勤俭节约的意识呢？

这是一个让许多父母困扰的问题。在我们的生活中，处理这个问题的办法，除了“感化”，要么就是“教化”，以至于很多人认为，这种强行的培养可能会带来更大的反弹。

当孩子们工作后，自己拥有了更多可以支配的金钱，可能消费反弹得更加厉害。就像我们这些家长所历经的一样。

我想说的是，首先不提倡把我们和孩子的日常过成苦行僧般的生活，而是将勤俭节约的生活方式变为一种思维方式，把对孩子说“不可以”，换为“试试其他的”。

因此，当孩子们总是提出“我想要”这样数不清的需求时，我们不妨来让孩子制定一份替代性方案。

**第一种：了解物品的成本与付出精力。**

一个朋友家的孩子，有一段时间特别迷恋两样食物：一个是韭菜烙饼，一个是糖醋鱼。

刚开始的时候，朋友一家会选择去饭店吃。如果不能去饭店，会通过叫外卖的方式，满足孩子的需求。可每次孩子总是会以不够吃为理由，要求点大份儿，最后剩下不少。

这个情况，朋友和孩子正式沟通过，倒不是舍不得孩子吃，而是希望孩子不要浪费。结果，每次说完后，孩子仍然是我行我素。

后来，朋友决定在家亲手做一次。买来韭菜和活鱼，并且和孩子约定好，既然想吃，那就帮忙处理，韭菜一根根挑选出来，把根部的泥土去掉并清洗干净。处理鱼的时候，请孩子把鱼的内脏都清理干净。

这一番操作下来，孩子感觉以前张口就来的美味，自己做起来真不容易。那顿饭，让孩子做出了改变，以后吃自己喜欢吃的东西时学会了适可而止。

尤其是对于身处城市的孩子来说，几乎没有种菜种地的机会。倘若家长们无法创造这样的机会，不妨试试这个办法。

**第二种：尝试相同物品的可替代性。**

对于日常高频使用的东西，或者说是无法替代的东西，孩子们也能够尽量做到节约吗？办法总是有的。

我们来看一下这个表格，让孩子们做一个测试。原先的购买习惯，请在对应表格里勾选出来。

| 物　　品 | 型号选择 | | |
|---|---|---|---|
| 饮料 | 小瓶 | 中瓶 | 大瓶 |
| 零食 | 一天一次 | 两天一次 | 三天一次 |
| 零钱 | 一周30元 | 一周50元 | 一周100元 |

请孩子试着改变一下自己的习惯，再勾选一次。

| 物　　品 | 型号选择 | | |
|---|---|---|---|
| 饮料 | 小瓶 | 中瓶 | 大瓶 |
| 零食 | 一天一次 | 两天一次 | 三天一次 |
| 零钱 | 一周30元 | 一周50元 | 一周100元 |

此外，当我们在使用公共资源的时候，也应当本着节约的意识，按需索取，不要因为免费或者便宜而索取过多，导致不必要的浪费。

接下来，我们和孩子一起再讨论一下。

根据孩子的实际情况，来完成下面的表格，把可以替代的东西写进去，并简单计算一下能够量化的结果。

| 序　　号 | 原　　有 | 替代品 | 节约数额 | 是否影响生活 |
|---|---|---|---|---|
| 1 | | | | |
| 2 | | | | |
| 3 | | | | |
| 4 | | | | |
| 5 | | | | |

好了，如果孩子能够顺利完成，请将节约数额再统计一下，一共节约了多少金额。

这些钱，不是一个虚拟的数字。如果只是恭喜孩子节省下来这么多，孩子可能不会有多深的感受。

这个时候要怎么做呢？当孩子能够认真执行完这个计划之后，我们可以把节省下来的这个金额让孩子自由支配，作为孩子的储蓄，或者是选择更加实用的用途。

**★ 课后叨叨**

我非常认同的一句话是这样说的：并没有绝对的节俭，节俭都是相对于我们的收入而言。的确，我们普通人的收入都是有限的。在有限的收入内，节俭而不吝啬，能合理地分配收入，让有限的收入既可以满足日常生活的需要，又能够为自己增值，这才是问题的核心。当孩子慢慢长大，也是如此。

## 十、兼顾个人与家庭的采购需求

在财商教育中，经常能够听到这样一种说法：“哭穷式”教育的家庭，很难养育出一个有格局的孩子。如果把抠门、吝啬当作财商教育的一种方式，的确不利于孩子的发展。当然，我们也要区分节约意识与抠门吝啬之间的界限，不能把二者混为一谈。

无论是让孩子养成节约意识还是让孩子不再乱花钱，本质上都是控制消费欲望。毕竟孩子的年龄还小，想让孩子真正控制自己的欲望还是有一点难度的。

当孩子听惯了家长们的唠叨之后，幼小的心里甚至可能会产生逆反的情绪：你越是让我省着花，我就偏不这样。

孩子的个体意识不好控制，但是，孩子的集体意识却是非常强烈。

当我们在家庭采购的过程中，如果家庭的采购需求与孩子的个人购物需求出现冲突，孩子要怎样正确处理呢？孩子是否愿意“牺牲”一下自己的购物需求，从而让家庭采购需求顺利实现呢？

我们不妨和孩子来一场“小实验”，看看孩子会怎样做。

又到了周末的家庭采购时间，我们计划此次的家庭采购金额是200元。在这个预算内，孩子个人可支配的金额是30元。

我们在出发之前，已经和孩子约定好了这个金额。当我们和孩子各自选购完所需要购买的商品时，忽然忘记了一件东西要买，而这个东西，原本未出现在采购计划里。

这件物品，你可以自己决定，价格是5元、10元或者是20元。

这对于孩子来说，意味着什么？

（1）孩子个人可支配的30元，就要相应地减少；

（2）已经拿在手里的东西，不得不放弃，重新购买一个价格便宜的东西。

当准备和孩子商量的时候，请注意沟通方式：

① 是这样，我忽然想起来，还要再买一样东西，这次着急用。能不能把你的钱，借给我15块钱（理由是事出紧急）？

② 宝贝，我们现在该买的东西都买完了，我忽然想起来，爸爸/妈妈让我买的东西，我给忘记了，但是现在钱不够了。你能不能把买的东西退一个，然后借给我10块钱（理由是忘记了爸爸/妈妈的交代）？

③ 宝贝，最近物价都涨了不少，我们的采购计划还没有达成。还差一点东西，需要15元，你看能不能用用你的钱（理由是物价上涨，钱不够了）？

说完之后，我们来看看孩子可能的反应。

| 1 | 不愿意，东西都选好了 |
|---|---|
| 2 | 不情愿，勉为其难答应了 |
| 3 | 果断答应了，没有其他附加条件 |
| 4 | 答应了，但是有附加条件 |

如果孩子的反应是第一种情况或者第二种情况，我们要做的，除了晓之以理，还可以给孩子开出“条件”：除了偿还10元的本金之外，再支付3元的利息；或是，如果这次可以借15元，下次你的个人支配金额就能够多5元。

如果孩子的反应是后面两种情况，尤其是第四种，我们不但不应该感到生气，反而应该愉快地和孩子达成一致。因为孩子不是在和你讲条件，而是学会谈判了。

**★ 课后叨叨**

学会取舍，是孩子在成长过程中需要掌握的重要一课。有时，需要取舍的不仅是来自物质层面的东西，还有精神层面的。能够有效控制自己的欲望，才能够学会更好地取舍。

## 第四节 9～10岁，进阶阶段

在这一章里，我们和孩子一起进入进阶的阶段。

我们将以一个玩具品牌的诞生为主线，模拟商业中的每一个环节，从市场调研、生产、职场，再到现金流、市场营销、纳税等，以不同的内容来生动诠释各个环节。这部分的内容，算是一个完成的商业流程图。

这样做的目的在于，让孩子能够在游戏化的互动中，对商业的不同环节有一个系统性的了解，从而为下一章的商业实践铺垫一个基础。

## 一、调查市场上的玩具品牌

有一天，孩子突然想出了一个创意，然后对着你大喊，我决定做一款玩具产品，想要打造“中国的乐高”。听到这个梦想的时候，你的第一想法是什么呢？你可能会对孩子说什么呢？

“好好学习，别乱想其他的。”

“你要做中国的乐高，不可能？”

“你说得轻巧，哪有这么容易？”

在以前，这样回答的家长可能不占少数，把自己认为不可能的观点强加给孩子，习惯性否定孩子的积极性。其实我们不妨换个方式。

“你的想法很棒，那你打算怎么做呢？”

“这个想法不错，想好名字了吗？”

“有想法是好的，那你有具体的实施方案吗？”

当孩子得到你的肯定，可能会非常兴奋。但随即被你的提问给难倒了，还没有想好要怎么做。

如果孩子还没有想好，那就先从市场调查做起吧。

那么问题来了，市场调查具体要从哪里着手呢？都有哪些渠道可以调查国内的玩具市场情况呢？

当然是从具体的玩具销售渠道着手，可以从中看到哪些产品卖得好，哪些品牌受欢迎。让孩子试试以下这几个渠道。

| 电商平台 | 京东、淘宝、天猫、拼多多、抖音、快手等 |
| --- | --- |
| 商场超市 | 在家庭或者学校附近的商场或超市实地走访 |
| 身边朋友 | 向那些已经购买了类似玩具的朋友咨询一些想要问的问题 |
| 陌生人调查 | 陌生人调查并不是一件容易的事情，非常考验孩子的勇气 |

好了，经过一番调查之后，孩子的信心进一步增强。接下来，我们和孩子一起，还需要再列一个清单，来给我们的产品拟定更加明确的信息。

| 竞争对手 | 看看我们的产品，主要竞争对手都有谁，挑选 2 ～ 3 个 |
| --- | --- |
| 成本 | 可以试着通过批发网站，找几个厂家询问成本 |
| 定价 | 根据调查的结果，来给这个产品定一个市场的零售价格 |
| 销售 | 主要的销售渠道打算放到哪里，简单评估一下这个渠道的优缺点 |

如果孩子能够与您一起把上面这些共同完成，那我们的市场调研就算是顺利完成了。

### ★ 课后叨叨

市场调查是一件非常复杂的工作。正所谓万事开头难，我们需要帮助孩子迈出梦想的第一步，而这第一步就是从市场调查开始。这样，孩子才会明白做什么事情都不是想当然，需要自己先了解某个领域，做好充分的准备，才能增加成功的可能性。

## 二、开启孩子的工厂参观之旅

在做完市场调查之后，孩子设计的玩具原型也已经确定下来，下一个环节就该进入生产环节了。一个好的生产合作伙伴非常重要，可以确保按进度完成生产，按时交付产品。

在寻找生产工厂的过程中，通常都需要实地考察一下，这是非常有必要的。我们在这里，并不需要真的去考察工厂，而是以参观工厂的方式来替代。

对于参观工厂，这里提供了两种路线供参考。

第一种：选择家庭所在的本地工厂。在参观的过程中，孩子要关注哪些方面呢?

| | | |
|---|---|---|
| 1 | 生产线 | 如果对方允许的话，可以观看整条生产线，让孩子看到从原材料神奇般变成产品的全过程 |
| 2 | 成本 | 了解什么是成本，产品的成本是多少 |
| 3 | 售价 | 咨询向导，相同的产品，市场售价多少钱 |
| 4 | 工资 | 咨询向导，工人每个月的工资收入，不同岗位的收入差异，原因是什么 |
| 5 | 销售 | 了解工厂是如何把东西卖出去的 |
| 6 | 其他 | 工厂很大，根据实际情况启发孩子 |

第二种：选择知名品牌的工厂，开启一次参观之旅。

有很多的知名品牌，经常会邀请用户去参观自己公司的工厂，算是一次小型的品牌活动，以此拉近与用户的距离。

那么，我们该如何获取这样的参观机会呢？家长们可以多留意品牌的官方微博和微信，品牌会不定期组织类似的活动。

这样的活动，组织者通常会安排得比较周到，有固定的流程，如参观自动化生产线、企业文化介绍、角色体验、游戏互动等，拥有一定的趣味性。

参观工厂之旅就这样结束了。如果孩子感到意犹未尽，想要和工厂亲自“谈判”，有一个便捷的途径：可以通过批发电商平台找到工厂，通常都会留有销售人员的联系方式。

找到联系方式之后，可以咨询一下对方。请记住，对方都是非常有经验的销售人员，如果发现是一个孩子，很可能会在回答时敷衍了事，并迅速结束通话。

所以呢，孩子有必要事先准备一个简单的沟通模板：

① 简单的自我介绍；

② 这次电话的目的；

③ 了解成本情况；

④ 最低的制作数量；

⑤ 多长时间能够交付；

⑥ 物流费用情况。

**★ 课后叨叨**

在日常的生活中，大部分孩子几乎都没有机会进入一家公司，了解工厂的内部情况。工厂与我们的生活密不可分，很多日常生活所需要的东西都离不开工厂。工厂是一座专业的大学，从中可以学到很多书本上学不到的知识。让孩子保持一颗好奇心，走进工厂吧！

## 三、去批发市场转一转

现在的孩子们，要么习惯网购，要么就是商超购物。他们还不知道，有一个地方，叫作批发市场，不知道他们在街边店铺里购买的很多东西，其实都是来自位于城市郊区的批发市场。

在前面的两个章节里，我们已经做完了市场调研和工厂参观。就在产品即将生产的时候，突然发现包装环节，少了一样非常重要的东西。

为了快速应对这一突发事件，我们要采取紧急措施，和孩子一起去一趟批发市场，看看能否迅速找到所需的东西。

如何在批发市场之中找到想要并且价钱合理的东西，很大程度上取决于你的谈判能力，以及你对批发市场的熟悉程度。

需要注意的是，您孩子的启动资金只剩下1 000元了，在去批发市场采购的时候需要精打细算。但是批发市场的某些老板，经常会看人下菜碟，孩子这1 000元能采购到最多的物品吗？

这里有一份攻略，一起和孩子来了解一下吧。

| | |
|---|---|
| 分配进货预算 | 假设预算为1 000元<br>在进货之前，简单盘算一下，这1 000元的费用，都需要采购几种类型的包装，每种数量需要多少<br>如果采购资金不够或者还有剩余，又该怎么办 |
| 了解进货术语 | 在批发市场里与老板讲价，可谓斗智斗勇<br>如果进到一家店里就问："这个卖多少钱啊"<br>要是这么问，那就不妙了。对方立即知道，你是零经验，而且不是来批发的，很有可能是为了便宜想要买单件的<br>在和批发商沟通过程中，要注意话术，例如：拿货价是多少？订的数量多还能再优惠吗<br>说几句简单的行话，能够让孩子获得一定的谈判主动权 |
| 多走多看多记录 | 其实，批发市场和零售商店一样，不同的批发商，报价也各不相同。遇到符合需求的批发商，可以自己先记录下来<br>很多商家都会提供名片，所以在临走的时候，可以要一下对方的名片<br>在记录的时候，尽量要详细，包括价格，最低可以拿多少的货、售后服务政策等。一些大方、有实力的批发商，还会把感兴趣的样品送给孩子<br>在一起了解完这一家之后，可以继续逛下一家，按上述要求复制 |
| 确定进货 | 好了，孩子在市场中逛了一圈之后，终于锁定了对象<br>再回到店里，直接下单，让对方给打包好即可。我们不用自己带走，只需要留下自己的地址，批发商通常都会直接给邮寄到指定的地址<br>有一点务必注意，就是让孩子保存好进货单。一旦出现了少发货物，或者货物出现问题的情况，进货单就是售后服务的凭证。如果不小心丢失了进货单，出了问题可能要自己承担损失了 |

## ★ 课后叨叨

精明的生意人，对于生意的每个环节都了如指掌。如果不能够及时掌握市场的动态和特点，对于成本把控缺少足够的应对，那就不是一个合格的生意人。成本把控，也是现代企业管理中一个非常重要的环节。对于孩子来说，对批发市场越是熟悉，就越是能够掌握市场行情最新的动态，在学习掌控成本的同时，还可以不断挖掘新的商机。

## 四、成为一名产品推荐官

我们的产品，终于可以顺利生产了。在漫长的等待之后，厂家将产品生产出来，孩子的梦想“中国的乐高”第一批产品，总算是问世了。

带着创业时的激情与梦想，我们的玩具产品正式投向市场。用户到底会不会喜欢“中国的乐高”呢?

对于这个问题，孩子的底气也不足，没有足够的信心和胜算。既然如此，我们就先在小范围内做测试吧。找到第一批喜欢产品的用户，也就是所谓的“种子用户”。

谁来推销呢?当然是孩子自己了。这个时候，孩子就要化身一名产品推荐官，请孩子将“中国的乐高”大胆推荐给周围的人。

这个时候，我们要用到几个表格，做好热身工作。

表格一：产品推荐方案。

请在空白的表格中填写相关信息，并根据实际情况，在相应的表格之中勾选。

| 推介产品 | 中国的乐高 | 推荐官 | |
|---|---|---|---|
| 推介成员： | | 团队成员：<br>1.<br>2.<br>3. | |
| 推荐简要： | | | |
| 推荐口号 | 1. 做中国的乐高 | 2. | 3. |
| 推荐时间 | 年　月　日 | 年　月　日 | 年　月　日 |
| 推荐方式 | 现场展示 | 录制视频 | 制作海报 |
| 推荐人群 | 小学生 | 初高中学生 | 成年人 |
| 注意事项 | 做好准备工作 | 生动性 | 趣味性 |

表格二：团队分工明细表。

与第一个表格里的工作相比，表格二需要我们的“推荐官”考虑周全，学会安排工作，做好工作的分工。如果是孩子自己来完成，也没问题，要清楚知道每一步要做什么。

| 分工明细表 | | |
|---|---|---|
| 成员 | 分工内容 | 执行进度 |
| 1. | 示例：撰写讲解稿 | 完成　进行中 |
| 2. | | 完成　进行中 |
| 3. | | 完成　进行中 |

做完前面的这些工作，孩子已经成为一个合格的产品推荐官了。快去为你们的产品找到感兴趣的消费人群吧。

★ 课后叨叨

很多优秀的品牌创始人都是非常优秀的产品推荐官。他们只要有机会，就会向别人推荐自己的产品，这也是一个创始人的必备技能。在这个环节里，孩子不仅是需要了解熟悉产品，还要做好其他的细节工作，充分发挥团队协作的效率，这样才能做好一名合格的小产品推荐官。

## 五、带上孩子一起去上班

在前面的几节内容里，我们的产品已经开始对外推介给潜在的用户。而新产品在问世之后，孩子作为创始人的一个主要工作，便是要开始处理各种琐事。办公室，将是这位小创始人工作的重要场所。

对于孩子来说，大人们是怎么工作的，在公司都会做什么，公司是怎么赚钱的，这些都是让他们十分好奇的问题。

我有一个朋友，自己成立了一家企业，当孩子在上小学的时候，他就会带上孩子到公司来感受工作氛围。在一些非重要的会议上，孩子还可以坐在一边旁听。这些虽然对于孩子的日常学习未必能够起到直接的促进作用，但是在潜移默化的影响之下，朋友家的孩子在重要的公共场合之中，都能保持从容与自信。

尤其是带着孩子听过业务部门的讨论会议之后，孩子对公司的产品，竟然也开始指指点点了，和爸爸表述了一番自己的看法。

此刻，你是否也考虑带上孩子去上班？如果你也有这样的想法，在正式行动之前，让我们来做一些准备工作。

**1. 提前规划**

如果家长们在周末有加班的计划，但又要照顾孩子，这可能是带上孩子一起去上班的好机会。通常周末的加班都没有日常工作状态那么正式，不会过多打扰到其他人。

**2. 征求孩子的意见**

多数情况下，孩子们第一次去父母的工作单位都会有着浓厚的兴趣。如果遇到孩子不想去的情况，不妨给孩子几个尝试一下的理由。

**3. 参观工作环境**

带着孩子去参观一下自己的工作环境，无论怎样，呈现给孩子最真实的工作环境。如果还有其他同事在，试着让孩子主动和每一位同事打招呼。

### 4. 专注自己的工作

不要让孩子认为可以始终跟着自己，孩子来到公司后，可以有他们自己的时间与活动空间。让孩子参与他们可能感兴趣的部分，让孩子了解你每天所做的事情。这样，你可以有时间专注于自己需要完成的事情。

### 5. 孩子们的集体活动

如果恰好有其他同事带孩子来到公司，可以计划一些孩子们的集体活动。

手工活动：让孩子们用彩色笔进行涂色，可以和工作场所结合起来，为公司的产品重新进行设计或者涂色，或者为父母们制作祝福卡片。

提问活动：可以选举出一位小主持人，向大家提问一些问题，如你最喜欢的课程是什么？你参加其他课外活动吗？你打算上哪所大学？如果这些问题比较正式，那就让孩子们讨论他们感兴趣的共同话题。

职业讨论：在条件允许的情况下，可以邀请公司 HR（人力资源）为孩子们讲解一些职业规划的内容，然后让孩子们都谈谈自己的想法。

最后，在结束了一天的“工作”之后，如果孩子仍然对公司保持着一定的兴趣，那就可以继续和孩子聊聊公司的产品以及企业如何赚钱等问题。

### ★ 课后叨叨

孩子对于父母的职业，可能多少都会知道一些，但这并不意味着他们真正了解家长们整天实际上在做什么。带着孩子一起去上班，不仅能让孩子了解家长在做什么，还可以让他们对父母有更多尊重和理解。此外，孩子们还可以探索不同的行业，从中打开自己的视野。

## 六、解决客户的投诉

孩子的新产品“中国的乐高”，如今已经投放市场，而且销量还在节节攀升，这实在是一个值得庆祝的事情。

孩子感觉一切的辛苦付出都没有白费，是时候和团队好好庆祝一下了。

就在孩子自我感觉良好时，忽然出现了意想不到的问题，出现了大量的客户投诉。这个时候，团队都在忙于应付客户投诉。孩子作为产品的创始人，面对客户投诉，必然要认真倾听来自消费者的声音。

先来看看这些五花八门的投诉吧：

（1）你们的产品，快递过来怎么少了好几个零件？

（2）快递运输把盒子都压坏了，你们包装能做好一点吗？

（3）我购买的那款产品，怎么一直不发货啊？

（4）商品刚刚收到就降价了，为什么不给补差价呢？

（5）我都联系你们好几天了，怎么一直没有人给处理呢？

（6）为什么我买的东西没有赠品，别人买的有赠品呢？

（7）你们送的优惠券，明明还有好几天的时间可以用，怎么就不能购买、提示说过期了呢?

（8）我参加了你们的抽奖活动之后，一直接到你们的推销电话，能不能不要打了?

（9）你们的产品，明明是有质量问题，为什么不给我退款呢?

（10）我严重怀疑，你们把别人使用过的玩具当作新玩具来卖，我要退货。

面对这么多问题，孩子的脑袋一定都大了。由于缺乏经验，不知道该怎么处理这些投诉。

我们可以一起把问题做一个分类，然后设计成一个表格，让孩子来勾选可能存在的原因：

| 可能存在的原因 | 你认为是，请打√<br>你认为不是，请打 X |
| --- | --- |
| 工厂疏忽，有待提高制造工艺 | |
| 包装时，工作人员粗心大意 | |
| 促销规则制定好后，没有按规则办事 | |
| 促销人员没有设置清楚规则 | |
| 售后服务团队服务水平有待提高 | |
| 就是不能退款，都是自己的问题 | |
| 随便投诉吧，就是这样的 | |

等到孩子把这些选项处理完之后，就算基本体验了客户投诉这个游戏的大部分。接下来，可以采用模拟对话的方式，我

们家长扮演顾客，让孩子充当客服人员，练习如何应对消费者的投诉。

★ **课后叨叨**

在和孩子演练的过程中，我们家长要注意到孩子思考问题的思维方式以及对待投诉的态度。通过反复练习，既要肯定孩子，不断给予表扬；同时，也要指出孩子存在的不足之处。一步步引导孩子，让孩子在练习中提高完善自己。

## 七、值得常玩的桌面游戏

孩子的创业征程还在继续。在孩子的努力经营之下，“中国的乐高”的销售越来越好，公司的账户上已经积累了一定的现金。如何管理公司的现金流，如何保障公司现金流的健康、避免陷入破产，这些都是需要认真学习的。

让我们通过这款已经问世了88年的经典桌面游戏——大富翁，来帮助孩子学习这一课吧。大富翁有很多的版本，官方授权的版本进行了适当的改造，更适合现在的孩子。当然，核心玩法与趣味性并没有改变。

需要说明的是，类似于大富翁的桌游，还有一些其他的选择。不过，总的来说可选择的并不多，也不如其经典。流行这么多年，大富翁依然是一款值得常玩的儿童财商类桌面游戏。

我们先来看一下这款游戏的不同版本，除了官方授权的版本，还有其他的版本在售。

| 官方授权版本 | | |
|---|---|---|
| 神州任我行（金牌） | 世界之旅（银牌） | 世界之旅（铜牌） |
| 绕着地球跑（金牌） | 中国之旅（银牌） | 中国之旅（铜牌） |
| | 世界之旅（银牌 PLUS） | |
| | 中国之旅（银牌 PLUS） | |
| 其他版本 | | |
| 幸福人生（银牌） | | |
| 幸福人生（铜牌） | | |
| | | |
| | | |

面对这么多的版本，我们该如何选择？

其实金牌、银牌、铜牌之间的区别，主要体现在游戏人数、转盘样式、道具数量、配件种类、游戏主题等，难度依次降低。

如果是刚开始玩，可以先从铜牌玩起，随着频次和熟练度的增加，可以再选择更高的难度。

通过大富翁，我们到底可以让孩子从中学到什么？从我的经验来看，这 10 个关键财商课程是重点。

### 1. 复习基础算术

在游戏里，加法、减法甚至乘法都有，无论是把购买房产的钱加起来、从银行找零钱，或是计算房租收益以及所欠的租金，这些游戏环节都可以让孩子对数字更加熟悉。

游戏的目的是避免资金耗尽和破产，这也可以对孩子之后的生活有所启发。

**2. 发现一堆金融术语**

除了租金、抵押贷款和购买房产之外，孩子可能会对陷入经典垄断的金融产品和概念的范围感到惊讶。

领取机会卡和公益金卡时，玩家可以从继承、出售股票、银行股息、所得税退税等游戏环节获得额外的现金。

**3. 通过投资充分利用持有的资金**

不同的游戏版本，孩子们分得的现金纸币金额不等。请记住，孩子不能靠现金赢得比赛。相反，孩子需要通过抢购房产进行投资。

游戏设计这一点，主要还是从历史来看，投资房地产或股票市场，可以比储蓄带来更高的回报。

不过，入市有风险，投资需谨慎。投资价值可能会根据市场波动而上下波动，投资回报也会受到较大的影响。

**4. 学会尽早投资**

到底何时进行投资，其实是非常重要的时机点。如果一味地固守原有的赚钱方式，而其他玩家已经在棋盘上竞相抢购房产的话，那我们可能就没有什么房产可买了。这也意味着，如果早一点开始投资，我们的资金收益增长的时间也会越多。

**5. 不要把鸡蛋都放在一个篮子里**

不要把鸡蛋都放在一个篮子里，这是有关投资规避风险的一个有效手段。投资时，多元化很重要。

让孩子尽早明白这个道理，通过在不同类型的公司和行业进行分散投资，可以减少损失，而不是选择单一的投资渠道或者投资对象。

### 6. 学会做一个精明的房东

无论孩子喜欢还是不喜欢成为一名房东，游戏都介绍了购买房产可以向其他人收取租金的基本知识。如果这座房产的价格越贵，收到的租金也就越多。

如果以相同的颜色购买房产，则可以获得双倍的租金，以此赚取更多收入。但是，如果孩子购买了太多的房产，很有可能因支付银行贷款而产生过重负担。

### 7. 保持足够的现金流

尽管购买和改善房产很重要，但大富翁也告诉玩家另一个道理，保留多余的现金同样至关重要。如果没有多余的现金来支付租金或其他，孩子可能要被迫抵押或出售房产，以避免破产。

在我们的实际生活中，切勿做一个“月光族”，除了储蓄理财的需要之外，也可以避免意外事件时无钱可用。

**8. 债务很昂贵，付出的代价可能很高**

在游戏进行的过程中，孩子可能会出现资金拮据的困境，这时可以通过抵押房产来筹集资金，但只能获得购买房产成本的一半。另外，如果想还清抵押贷款，则必须额外支付一定的昂贵的利息。

如果无法偿还应该支付的贷款时，孩子就不得不宣布破产了。

**9. 新的东西固然好，折旧却很贵**

如果孩子被迫出售自己的房产和酒店，只能获得价值的一半。

所以，要清楚一个道理，购买新商品的价格与出售二手商品时的价格存在一个很大的差异，这就是折旧。差异越大，折旧越大，损失也越多。

**10. 了解经济生活中存在的现象**

在游戏开始的时候，我们每个人都拥有相同的现金。在游戏开始之后，除了游戏策略之外，往往还需要一定的运气。有时，不管你的策略有多好，可就是运气不佳。

最后，产生输赢。所以，应该鼓励孩子充分利用他们遇到的各种机会。

**★ 课后叨叨**

当我们和孩子一起玩游戏时，孩子们会遇到一些术语，如果他们不了解，有必要向他们解释清楚。这个游戏刚开始可能会感觉有难度，到后面就会发现这个游戏常玩常新。借助这样的游戏，可以让孩子学会更多的财商知识，且能够与实际生活结合起来，寓教于乐。

## 八、让孩子背负第一笔债务

对于很多的“80后”和“90后”来说，很多人的第一笔贷款都是来自大学校园时期的信用卡。后来有了网络贷款，很多年轻人的第一笔贷款便来自互联网。

一些在校的学生和工作不久的年轻人，在消费冲动之下不断在网络上借贷。由于无法及时还贷，甚至不得不拆东墙补西墙，结果付出了无可挽回的巨大损失。

实际上，贷款是日常生活中非常重要的一项金融活动。正规可控的贷款和活动不可怕，可怕的是，我们对非正规贷款可能造成的不利影响缺乏足够的认知。

对于孩子来说，越早能够了解贷款，在以后的生活中，就能够进一步降低问题的出现。偶尔让你的孩子向你借钱是一个很好的方式，借此可以反向来说明保持无债务的好处。

在公司，如果企业经营遇到了困难，想要保持正常运转，有时需要从银行那里获得贷款，才能继续经营下去。

贷款的概念比较抽象。那么，我们该如何和孩子来说清楚这个“深奥”的名词呢？

我们先来假设一种情形，和孩子进行讨论，看看他是如何打算的。

假设孩子的产品“中国的乐高”，一件售价50元。有一个小朋友，只存了40元。他可以继续存钱，等再存了10元后再买。或者，他可以预支10元的零用钱，现在购买，然后偿还这笔钱。

问问你的孩子，会选择哪一种方式呢？

相信大部分孩子会选择第二种，因为他的需求得到了及时的满足。这个时候，我们就要询问孩子是否了解借贷的后果，以及展开必要的提问。

例如，知道什么是借贷吗？如果负债过多会发生什么？当你有了贷款，为什么需要及时还贷款？为什么保持良好的信用记录很重要？

这个年龄段的孩子，可能会懵懵懂懂地知道了一点这方面的知识。为了让孩子能够进一步了解，我们再来举个身边的例子——房贷。

提问：什么是借贷？

解释方向：爸爸妈妈买房子，由于存款不够，从银行借了100万元。每个月支付给银行很多的利息。

提问：如果负债过多会发生什么？

解释方向：100万元在爸爸妈妈的经济能力承受范围之内。如果贷款了200万元或者300万元，每个月还的贷款太多了，超过了我们的收入，家庭日常的生活难以维持。

提问：为什么需要及时还贷款？

解释方向：每个月的15号都要及时还银行的贷款，否则，我们以后就失去了贷款的资格。更严重的是，我们的房子可能会被银行收走，失去了这个家。

提问：为什么保持良好的信用记录很重要？

解释方向：等以后再需要借钱的时候，银行十分愿意借给爸爸妈妈。

到这里，相信孩子会进一步有了更深的认知。我们继续前面的讨论，孩子选择了借贷的方式，从你这里借贷10元钱，这个时候，作为父母的你，该怎么办呢？

**1. 评估**

·孩子借钱的用途，你作为父母是否支持；

·检查孩子的预算，以确保欠款负担得起；

·理想情况下，要求其在期限内还清。

**2. 签署协议**

·在贷款开始时制订还款计划并让孩子签署，邀请夫妻的另一方，作为见证人；

·孩子每次还款时，向他提供当前的贷款余额表；

·让孩子从他可以支配的现金中偿还，而不是从他们的零花钱中扣除，目的是让他们积累处理欠款的经验；

·收取的利息，可以最后一次性偿还。

**3. 应对问题**

·如果您的孩子错过付款，请通知他并要求付款；

·如果孩子不付钱给您，请评估延迟还贷的额外费用；

·如果孩子仍然不付钱给您，减少或停止他的零花钱以“抵消”贷款。

**★ 课后叨叨**

第一次和孩子讨论贷款这个新概念，重要的是要考虑孩子需要从中学到什么。虽然起初似乎很难接受，但只要确保他们能够将这些概念与日常生活联系起来，就会逐渐有清晰的认识。

## 九、来一次品牌盲测

围绕着品牌测评，有一个非常非常经典的案例。

那是 1975 年，可口可乐的老对手百事可乐，突然展开了一项名为“百事挑战”的品牌盲测项目。

这个所谓的挑战，有什么不一样吗？

我们来看看百事可乐是怎么做的。百事的工作人员在街头摆放了一个桌子，桌子上有两个完全一样的玻璃杯。

而这两个杯子，一个装着可口可乐，一个装着百事可乐。百事的工作人员在街头随机邀请路人来品尝。路人们完全不知道哪个是可口可乐，哪个是百事可乐。

他们在品尝完两个杯子里的可乐之后，凭借着感觉选出自己最喜欢的一个。最终的答案让人意外不已，多数人最后都选择了百事可乐。这场挑战为百事可乐带来巨大的销量，重新赢得了众多可口可乐的用户。

之所以提到这个例子，是因为这一节的内容里，我们也将带着孩子为“中国的乐高”展开一次品牌盲测。

品牌盲测的必要性不言而喻。消费者在不受任何干扰的情况下给出的体验与评价，才是最真实的，有助于我们改进自己的产品。

为了模拟这个场景，我们暂且以日常可以购买到的生活用品来代替，例如牛奶、面包等，一种是普通但性价比较高的，另一种是价格较贵的品牌产品。

在桌子上摆放好之后，拆去商标，这样没人能分辨出哪个是普通产品，哪个是品牌产品，主要是先进行味觉测试。

然后，我们再准备一张纸，可以在这张纸的中间画一条分隔线，记录每一组产品的盲测情况。

| **第一组** | | | |
|---|---|---|---|
| 性价比物品 A | | 品牌物品 B | |
| 味觉 | | 味觉 | |
| 口感 | | 口感 | |
| 使用感觉 | | 使用感觉 | |
| 综合感受 | | 综合感受 | |

在几组产品测完之后，让参与的家庭成员投票选出最喜欢的，揭晓它是性价比物品还是品牌产品。

并让孩子回答下面几个问题。

| **哪个产品胜出了** |
|---|
| 以后再买东西，准备买哪一种产品 |
| 选择一种品牌产品，假设每月购买一次该产品，计算一下，一年花费多少钱？然后再计算一下该组的性价比产品，看看一年可以节省多少钱 |
| 如果把这笔钱节约下来，可以用这笔钱做其他什么事情 |

**★ 课后叨叨**

现在的孩子们，对于品牌产品的追求可能不亚于成人。从商业的角度，我们要考虑孩子们为什么会如此热爱他们所喜欢的品牌产品。而从家长的角度，我们也更应该学会让孩子避免陷入消费主义陷阱，形成正确的消费观念。不是通过空洞的说教，而是以切身体验的方式让他们感受到不同产品的差异，知道节省下来的钱还可以做更多其他想做的事情。

## 十、做一名光荣的纳税人

我们在前面的9节内容里，已经带着孩子体验了一个小创业者可能历经的不同环节。现在，还剩下最后一个环节，了解如何纳税。

纳税？什么是纳税？给谁纳税呢？在孩子的心里，可能会有一连串的问号。

在我们的生活中，无论是个人还是企业，都需要向国家纳税。我们生活中很多便利的公共设施，例如图书馆、公交、公园等，都需要依靠税收来维持，税收取之于民，用之于民。

如果孩子还是不太明白，我们再举一个身边的例子，就拿每个城市的公交来说，单程只需要1元钱或者2元钱，而出租车却需要几十元。

公交车之所以这么便宜，是因为当地政府把收到的税拿出来一部分补贴到了公交车上。因此，我们才可以花费很少的钱就能乘坐公交车。

好了，最重要的问题来了，税是从里来的呢？ 答案是，既有企业，也有个人。

讲到这里，孩子心里的疑问可能还是没有解开。没关系，我们再来与孩子聊一个话题，工资。

孩子们最想知道家长每个月能赚多少钱。当你告诉孩子，自己每个月的收入是1万元，孩子就会以为工资卡里有1万元的收入。事实真的是这样吗？

让我们和孩子一起，来看看我们的工资构成吧。接下来，请孩子做一道算数题，计算一下每个月实际打到工资卡里的，到底有多少钱？（注：以下仅是模拟。）

| 个人工资构成 | 10 000 元 |
|---|---|
| 扣除社保 | 500 元 |
| 扣除个税 | 500 元 |
| 缴纳住房公积金 | 500 元 |
| 迟到罚款 | 100 元 |
| 奖金收入 | 300 元 |
| 到手工资 | |

请孩子把答案填写到空白的表格里。您的孩子计算对了吗？答案是 8 700 元。“消失”的部分中，例如个税，就是我们需要缴纳的税。

这个时候，孩子可能又要问了，除了这个，还有别的需要纳税的地方吗？

还真有，那就是个人劳务收入。

假如妈妈拥有很强的方案撰写能力，在上班之余也兼职做一些方案策划的工作。这一次的项目收入是 1 万元，税率按照 20% 来计算，请孩子计算一下，需要为收入缴纳多少税，个人的税后收入是多少？

下面是一个模拟表格，实际上要复杂得多。为了让孩子明白这个道理，我们在保持基本原则没有问题的前提下，尽量让孩子理解起来更加容易。

| 个人所得税自行纳税申报表 | |
|---|---|
| 项目 | 方案策划 |
| 收入 | 1 万元 |
| 税率 | 20% |
| 应缴税额 | |
| 税后收入 | |

应该缴纳的税额为 2 000 元，税后收入是 8 000 元。孩子答对了吗？

此外，像是出租房屋获得的收益，按照规定也需要申报纳税。到这里，想必孩子应该多少明白了关于纳税的知识。这个时候，可以趁热打铁，再为孩子普及一下企业纳税的相关知识。

其实，企业和我们个人是一样的，也需要为国家纳税。因为企业收入多，所以纳税也会更多。

企业需要缴纳的税有两种：一个是增值税，一个是所得税。

这两个名词，孩子理解起来可能会有困难。没关系，通俗一些来讲，就是企业每卖出一件商品，都要为国家纳税。

但是呢，企业生产也是有成本的，企业在购买原材料的时候，也会取得一种叫作“发票”的东西，可以用来抵扣税收。

| 企业纳税 | | |
|---|---|---|
| 时间 | 1个月 | 纳税/抵扣（税额6%） |
| 总收入 | 10 000元 | 566元（税额） |
| 成本 | 5 000元 | 283元（抵扣税额） |
| 应缴税额 | | |
| 税后收入 | | |

在根据这个表格计算之前，需要说明的是，企业纳税计算较为复杂，我们在这个表格里计算好税额，并简化其他的因素，以便让孩子用相对简单的方式来计算。

在这个表里，有两项需要孩子来简单计算一下。

第一个是应缴税，计算方式是应该缴纳的税额（566元），减掉可以抵扣的税额（283元），算算结果是多少？请填写到对应的空格里。

答案是283元，答对了吗？

第二个是税后收入，计算方式是总收入（10 000元）减掉成本（5 000元），再减去应缴税（283元），算算结果是多少？请填写到对应的空格里。

答案是4 717元，答对了吗？

### ★ 课后叨叨

保持良好的纳税记录，对于我们每个人和每个企业都非常重要。在孩子小的时候，强化税收的观念，有助于在未来的成长道路上，强化风险意识，减少因为纳税意识不足带来的问题，做一个依法纳税的好公民，更好地回馈社会。

## 第五节 10～12岁，实践阶段

当孩子们进入五六年级之后，已经具备了较多的财商基础知识，现在可以进入实操阶段，在社会这个大课堂里成为一名“生意人”。尽管在之前的年龄段，孩子们也能够模拟真实的生意场景，或者是尝试实践活动，但是在这一时期，孩子们在各方面都更加成熟，相信会有更好的表现。

### 一、发现“卡通气球”的生意经

我们的日常生活中很多随处可见的场景，如果细心留意就会发现，里面其实都有一门生意经。

自从有了孩子，家里总是少不了气球。只要孩子看到各种好看的气球，便总是想要一个。估计很多家长都会有相同的经历。

一年冬天，到了给孩子打疫苗的时间。我们在儿童医院的门口排队登记时，孩子发现不远处有一个卖卡通气球的老奶奶，于是嚷着要一个“佩奇”气球，那时他正喜欢看小猪佩奇。

可能是出于对打疫苗的恐惧，再加上室外寒冷，孩子的情绪非常不好。无奈，只好给他买了一个“佩奇”气球，花费了 10 元。出于好奇，我观察了一下这位老奶奶的生意，不到二十分钟，就有十几位家长买走了她手中的气球，进账至少百元。

还有一次是在公园门口，我和一位摊主闲聊了起来。对方说起生意好的时候，一天收入可以多达千元。

这些生意虽小，可是收入真的不少。当孩子们准备做生意时，不妨从他们曾经喜欢过的东西开始。

**1. 寻找货源**

在本地寻找货源不是一件容易的事。好在现在网络发达，我们可以依靠网络，例如 1688 或者是短视频平台。检索一些关键词，像儿童气球、卡通气球、气球批发等，就会出来很多我们想要的结果。根据我个人的经验，短视频平台上有很多这类的广告视频，要想从这些博主里进货，需要一次性拿货达到一个门槛；而 1688 上最大的好处是支持一件代发，进货方式比较灵活。

**2. 对比价格**

在对比价格这个环节里，可以让孩子细心核算一下成本与收益。

从短视频平台的博主处进货，通常一次性进货价格要在千元以上，一定要问清楚隐形的费用，如物流费、破损补偿、种类数量等；1688 上的一件代发价格，平均在 1 ~ 3 元，总体算下来未必有一次性拿货划算。优势是可以按需进货，能够保证一个符合预期的收益即可。

**3. 种类选择**

我们在进货的时候，首先要考虑什么？当然是哪种最好卖。

那么，小孩子都喜欢什么类型的气球？

小孩子们最喜欢的动画角色，大概可以分为两类：

经典角色：Hello Kitty、海绵宝宝、喜羊羊；

流行角色：小猪佩奇、超级飞侠、汪汪特工队、海底小纵队、猪猪侠。

除了以上角色之外，还可以根据当下最新的儿童动画角色来选择。而售卖的地点，通常也都是在公园、城市广场等这种孩子经常出没的地点。

**★ 课后叨叨**

留下一道思考题，假设这个项目的启动资金为100元，一个卡通气球的平均成本为3元，然后根据气球的种类，对外可以分别售价为5元、10元、15元，怎样搭配，既能够快速销售出去，又能够保证最多的利润呢？和孩子一起探讨一下吧。

## 二、从卖爆米花中学会销售策略

在国外，有项传统活动是卖爆米花。通过出售爆米花，可以让孩子们练习一些有价值的技能，增强社交能力，锻炼销售技巧以及组织能力等。活动的目的，主要是为有关项目进行募捐。

在国内，很多的街边小贩，会现场制售爆米花。甜甜的香味，飘荡在空气之中，刺激着每一个路人的味蕾，总会有人在味觉诱惑之下为之买单。

其实，这个生意经同样适合想要体验经商活动的小朋友们。当然，孩子们不可能现场做现场卖，买好原材料，再配上好看的包装，在家里即可完成。

准备环节可以参考上一节的内容。需要强调一点，由于可选择的渠道更多了，我们要尽量选择有质量保证的品牌，这样才能保证食品安全性。在家里利用微波炉烘焙、包装完毕之后，我们就可以正式开始进入售卖了，孩子也跃跃欲试了。

等等，就这么开始了吗？好像还差点什么。我们家长不妨和孩子一起思考一下，通过卖爆米花，我们想要得到什么呢？如果你没有好的想法，来听听我的建议。当然，这里更多只是模拟。

**1. 目标设定**

如果孩子自己设定的销售目标是500元，没问题。因为孩子可能非常自信，认为自己能够卖出500元。实际上，结果往往是会低于这个目标设定。所以，我们不妨在这个基础上，把目标设定为800元或者是1 000元。

这个时候，孩子可能要找各种理由了，根本完不成。没关系，其实我们心中的预期目标就是500元，这样做的目的是希望孩子奔着1 000元的这个更高的目标努力。孩子可能无法实现目标，但他们会努力尝试实现目标！

**2. 销售技巧**

现在人们在线下购物之前，习惯看一下网购的价格。所以我们在定价时，一定要注意价格不要太高。

当小朋友们路过摊位提出购买需求时，父母们总是会说：爆米花太甜了，不适合你吃，给你买其他的好吃的。

这个时候孩子该怎么办？别忘了，孩子这样做的目的之一，是希望将收入捐赠给慈善组织。那就鼓励孩子说出来：买一份爆米花吧，支持一下某某机构的捐赠活动，这些钱都会捐赠出去的。

如果孩子没有募捐的想法，仅仅是想获得收入，那就要提炼一下产品的卖点，例如：

· 我们的爆米花有焦糖、奶香、巧克力、草莓好几种口味；

· 爆米花中还有玉米、核桃、杏仁等；

· 还有不同形状和颜色的爆米花；

· 价格不贵。

**3. 面对拒绝**

当生意无人问津时，或者多次主动推销被拒绝时，孩子难免会失落。这个时候，我们家长不是应该首先安慰、开导孩子，而是和孩子一起来“反思”一下：

· 是不是选的位置不够好，人流量太少？

· 产品的包装和价格，是不是不够吸引人？

· 别人的生意为什么就比较好？差距在哪里？

等把问题都改进完之后，下一次再试试效果如何。

**4. 数学练习**

辛苦了一天，终于收摊了，最后生意做得如何，是时候看看成果了。这时，就可以从中强化一些有关商业的计算：

· 一共卖出去了多少份爆米花？

· 总销售额是多少？

· 计算一下，还需要卖多少爆米花才能达到目标？

· 去掉成本，今天的净利润有多少？

· 库存还有多少？预计几天能够卖完？

★ **课后叨叨**

爆米花进行现场制作，当然是最能够吸引顾客的，不过成本要高一些。当我们选择在家中制作爆米花时，过程中一定要注意卫生问题和包装的密封性。保持卫生和口感，对于销售是非常重要的。

## 三、组织一场跳蚤市场

如果你的孩子是一个恋旧的人，是一个难以断舍离的人，家中很有可能保留了不少已经不再用的玩具和其他物品。对于孩子来说，这些东西扔掉会觉得浪费，卖废品会感觉可惜。

既然你和孩子都面临这样的情况，不如组织一场跳蚤市场吧。还有什么更好的方法，能比组织跳蚤市场，让旧物循环利用起来呢？

由于跳蚤市场中发生的互动具有重复性的特点，有利于锻炼孩子的沟通技巧与社交能力，还可以为物品分类与财商能力锻炼提供一个天然的环境。

作为参与者，准备自己出售或者交换的东西并不难。但是，如果作为组织策划者，那可就需要系统性地规划一下了。

接下来，我们和孩子一起，先来详细罗列一下，看看一场跳蚤市场活动都有哪些环节。

（1）明确目的：让旧物循环利用起来，发起捐款捐物。

（2）参与形式：组织邻居们和孩子们参与这次跳蚤市场，参与摊位预计达到15 ~ 30个。

（3）前期宣传：制作海报用于宣传，或者利用家庭小区的微信群沟通，撰写活动宣传的文案。

（4）招募助手：找到邻居小朋友或者同学，一起参与进来，成为活动的小助手。

（5）人员分工：明确分工，例如制作捐赠箱、整理捐赠衣物、维护现场秩序等工作分别由谁来做，根据招募的小助手数量进行分工。

（6）场地规划：以所在的小区为场地地点，提前做好现场勘探，避免影响车辆与行人的通行。同时，还要联系物业人员，征询物业人员的同意。

（7）活动奖励：为了鼓励大家积极参与，制定一些奖励徽章或者是简易的慈善证书，以鼓励每一个热情参与者。

（8）活动后续：还可以发起本次跳蚤市场的捐款捐物，明确详细用途，整理之后进行公示，让每一位捐赠者清晰了解捐赠物品用途。

以上的这些环节未必是全部，或许还有疏漏，家长们可以和孩子不断完善上面的各个环节。在具体执行的过程中，想必应该还会遇到一些实际的困难，这也是锻炼孩子们应对突发状况的好机会。

那么，对于积极参与这场跳蚤市场的孩子，他们又能从中受到什么启发呢？我们不妨做几个小提示，与家长们同步沟通一下，例如：

**1. 了解成本与收益的基本概念**

当孩子们选定了准备交易的物品之后，家长们可以回忆一下当时购买的价格，让孩子来决定一下此次准备在跳蚤市场上卖的价格。

简单计算一下，看一看这些物品总计能够售卖多少钱，这是预期的收益。再结合第一次购买的价格，经过这几年后，折旧后“损失”了多少钱。

**2. 适当的沟通技巧和社交互动**

如何快速卖出第一件物品？怎么说服犹豫不定的小朋友购买东西？当有人光顾摊位或者离开摊位的时候，孩子该怎样主动打招呼呢？

对于类似的问题，家长们可以和孩子提前模拟一下。通过适当的交流，有助于增强不善于表达的孩子的互动性。

**3. 重复练习传递、转移金钱的技巧**

收到购买者的纸币，存放到自己的盒子里或口袋里、找零钱等这些行为，看似非常普通，其实，在实际的活动中，孩子很容易手忙脚乱。一个不小心，就会丢失了手里的纸币。一些动作，例如伸手、抓握和存放，或者使用钱包，都可以多练习几次。熟能生巧，孩子形成条件反射之后，就会变得娴熟起来。

**★课后叨叨**

跳蚤市场这样的活动，有时学校会组织开展，这时孩子们的身份通常都是参与者。如果以组织者的身份发起一场跳蚤市场活动，将会对孩子各方面能力的提高有很大帮助。每个活动都会有不足之处，当你和孩子成功举办跳蚤市场之后，可以试着盘点一下活动的不足与优点，这样再次举办时就可以游刃有余了。

## 四、模拟开设一家社区超市

很多人小的时候都喜欢玩“过家家”的游戏，在这个游戏中，孩子们都在模仿成年人的言谈举止和他们日常生活里看到的行为模式。如果你的孩子对“过家家”这种游戏早已经厌倦了，不妨就来试试这个，模拟开设一家社区超市。

想一想，我们该如何最大限度模拟接近真实的行为？都需要准备哪些物品？现实中需要的物品，缺乏对应的道具怎么办？仔细想下来的话，其中有一系列的问题都可能成为拦路虎。

模拟开设一家社区超市，这是一项可以简单快速准备的活动，

有一些关键步骤，可以最大限度发挥这项活动提供的学习潜力。

**第一步：建立社区超市**

先从建立社区超市的骨架开始吧。

对于货架，可以利用家中已有的物品，如椅子、桌子、书架或盒子，摆放在一边，彼此叠放，形成几个可以摆放物品的架子。

一定要记得，留出一个空间用作结账的地方，用于顾客付款、存放收银机以及需要打包的商品。

孩子有很强的空间感，这个环节可以让孩子想想，如何来构建商店的结构。

**第二步：商品上架**

在货架上摆满要出售的物品。这既是一个体力活，也是一个脑力活。说是脑力活动，因为我们要思考一下该怎么进行区域划分。

可以让孩子观察一下家里的实际环境，来简单做一个区域划分，如家居用品、厨房用品、水果、食品、家用电器、药品、服装等。所售的东西没有限制，孩子们可以在房子里多走几圈，找到可以出售的物品。

区域划分完毕，就该开始付出体力，将商品进行上架了。选择一部分可以灵活搬动的物品，摆放在对应的区域。

**第三步：制作店铺招牌**

店铺招牌是一个店铺的灵魂。一个好看的招牌能够吸引顾客的注意力。为店铺制一个招牌，是这项活动里的一个重要环节。

如何制作店铺的招牌呢？这里有两点，可以让孩子试试。

一是去外面的商业街转转，从各种各样的招牌中，选择一个孩子自己最喜欢的款式，然后模仿绘制一个出来；另一个是发挥自己的创造力，把孩子自己熟悉的元素融合进去。

当招牌绘制完毕，记得在上面写下商店的营业时间。

**第四步：为物品定价**

孩子们未必能够完全知道物品的价值或价格，这是一个让孩子深入了解商品价格的好机会。

我们可以先罗列一个商品的清单，当这个清单拟定好之后，我们的定价依据是什么呢？

当然不能随心所欲地定价。来吧，我们先去现实中的超市转一圈，把清单上的物品和真实价格做一个参考，一一记下。然后，再登录电商平台，看看线上的价格如何。

对比完之后，可以围绕价格和孩子探讨一些问题，例如超市里为什么相同的东西，价格却不一样？相同的东西，线上线下的价格为什么不一样？电商平台上的东西，为什么一般会比超市里便宜？但是，电商平台上有的东西为什么要比超市贵很多？

一切准备完毕，制作带有价格的标签并将它们贴在每件商品上，可以使用普通贴纸，或者纸片和胶带。

**第五步：角色扮演购物**

终于可以玩虚拟商店了！

这是向孩子们讲授金钱及其多种形式的好机会。顾客可以以不同的方式付款，使用纸币、硬币以及信用卡。在支付的过程中，可以使用较高的面额来支付，并要求孩子找零钱。

如果所购的商品有一个零头，例如37.7元，我们还可以补

0.2元，提出要求让孩子给找回一个凑整的金额，以这种方式锻炼孩子的数学能力。

**★ 课后叨叨**

在我接触的这个年龄段的小学生里面，有不少孩子的数学都非常不错。有一些孩子在实际生活中，使用纸币计算金额时反应速度也很快，可总是难以避免地找错钱。明明算好了，应该找44元，实际可能找了对方43元或者45元。这主要还是因为“计算”与“实操”是两回事。正确运用现金，是一件熟能生巧的事情，多接触多练习就能掌握自如了。另外，请记住，在这个复杂的模拟游戏中，多帮孩子找到隐藏的学习机会。

## 五、一起摆摊卖旧书

我们经常能够看到一些讲述孩子摆摊卖书的新闻，和其他东西相比，卖书似乎是最为容易的事情。因为我们家中都有一些看过的书，时间长了都蒙上了灰尘。拿出来卖，既能给家中腾出空间，又能锻炼孩子的能力，算是一举两得。

摆摊卖旧书，其实门槛很低，可以立即行动。但是，从实际效果来看，要想赚到钱，又没有那么容易。所以呢，在孩子开始这个游戏活动之前，我们先来做一个准备计划。

### 1. 货源与种类

和其他货源的相比，旧书的货源应该是最容易找到的。我们每个人家里都会有一些曾经读过的书，那些已经布满灰尘或长久不再读的书，就可以拿出来给孩子销售了。

如果家里确实没有多少书，可以去一些电商平台，像孔夫子旧书网、多抓鱼等专门销售二手书籍的，还有中国图书网这样销售库存书的，价格都非常便宜。

种类的话，面向大众的文学类、童书类、历史类、经管类等书籍受众广，通常都较受欢迎。需要注意的是，有一些书，可能是你个人非常喜欢的，但未必是大众喜欢的，市场上不一定好卖。在选书的过程中，家长要尽量把好关。

**2. 定价技巧**

现在很多新书，由于成本在不断上涨，价格也越来越贵。动辄三四十元的售价，让很多人大呼快买不起书了。于是，很多人转去购买二手书，价格非常便宜，又能体会淘书的乐趣。

二手书之所以吸引人，就是因为价格便宜。那么，便宜的二手书，还有利可图吗？这就需要一定的定价技巧了。

旧书的定价，可以分为以下三类：

| | | |
|---|---|---|
| **吸引眼球** | 每本 2 ～ 3 元 | 如此低的价格，通常不会赔钱，基本是进货价，主要是吸引人气，把路人的眼球快速吸引到书摊上 |
| **薄利多销** | 每本 5 ～ 10 元 | 这个价格区间的书，通常是销量的主力，占据了销售额的大部分，每本书可以赚 2 ～ 3 元<br>这个价格之所以受欢迎，一是因为这是很多人心里接受的低价区间，二是可选的书籍种类也多 |
| **增加利润** | 每本 10 ～ 50 元 | 这个售价区间的书籍，与网上基本相同，优势在于节省了运费的价格，买家可以直接带走。对于我们来说，这个售价区间的书是利润最多的<br>这个区间的书销量可能较少，可是卖一本书就能顶上其他好几本的利润总和 |

### 3. 明确分工

无论是我们家长和孩子一起摆摊，还是孩子和好朋友一起，一定要明确分工：谁主要负责看摊，谁来收款，当有顾客到来时谁来主动推销，谁来解答疑问。分工明确，这一点是非常重要的，直接关系到书摊的销售好坏。

### ★ 课后叨叨

我之前见过孩子摆书摊，几个小伙伴一起，总是能够吸引好奇的顾客驻足观看。然而，大家都在低头玩手机，或者沉浸在看书之中，对于顾客缺少热情。顾客对书有疑问，或者是想要一些价格优惠，小摊主们显然准备不足，不知道如何应对。这样的摆摊，基本上沦为了形式主义，是不可取的。

## 六、创办一个读书俱乐部

如果在你的引导下，孩子正在寻找一个创业项目，那么不妨考虑开设一个读书俱乐部，它非但不影响孩子的学习，并且还能帮助孩子增加阅读量。

在我们一些人的印象中，读书俱乐部似乎是一个类似于“英语角”的活动，每周固定几次，大家坐在一起分享阅读、交流阅读体验，这样就可以了。实际上，对于这个年龄段的小学生们来讲，读书俱乐部能够做的事情很多。

现在的小学生，知识面非常广阔，对于很多领域都有着非常浓厚的兴趣，这决定了俱乐部成员要读什么书。而丰富、固定的组织形式，能够保证一个读书俱乐部的有效运转，同样十分重要。

因此，这个读书俱乐部到底要怎么办？我们来和孩子共同解决以下的问题。

### 1. 兴趣领域

拥有共同的兴趣爱好，是一个组织发展的基础。在孩子们还没有接触更为广泛的阅读时，兴趣爱好自然是开始的切入点。

您家的孩子，特别喜欢哪一个领域？可以列一个表格，由孩子来选择。

| 领　　域 | 兴趣与否 |
|---|---|
| 天文 | |
| 地理 | |
| 生物 | |
| 文学 | |
| 英语 | |
| 其他 | |

### 2. 活动形式

我们在前面提到，读书俱乐部的活动形式已经不再拘泥于大家围坐在一起读书。读书会的经营形式可以是多样化的，除了传统的读书形式之外，还可以是其他的形式。

共同观看：每次由一位成员来推荐一个质量优秀的视频，大家一起观看。再结合相关的书籍，共同朗读。

嘉宾分享：可以邀请一些在某一领域擅长的专家或者是学生家长，通过他们分享不同的主题内容。然后，以集体讨论的方式增加学习的心得体会。

主题旅游：在旅行活动的过程中，学习掌握更多的知识。

**3. 活动落实**

| 阅读数量（每周） | 2～3本 |
|---|---|
| 阅读时间（每次） | 不低于半小时 |
| 做读书笔记 | 摘抄内容、心得体会 |
| 评比活动 | 选出1～2位读书之星 |
| 诵读展演（每周） | 1～2次 |
| 其他 | 有无补充 |

**4. 盈利模式**

创办和经营读书俱乐部并不难，但如果想从读书俱乐部赚钱，就必须发挥创造力。除了会员费外，从读书俱乐部赚钱的另一种方式是销售书籍。有了售书俱乐部，就可以以折扣价向会员销售图书，会员当然是第一批可以拿到低价新书的人。

**5. 成员招募**

孩子要想邀请招募到更多的成员加入进来，除了活动本身的新颖度、会员价格之外，还有没有其他的活动亮点？

如果把家里作为俱乐部的举办地，我们还可以为成员提供一些额外的增值服务，例如免费的饮品、水果等。如果是在阅读空间，可以提供一份有特色的小礼品等，这些都有助于新成员的招募。

前期招募的过程中，一定要让孩子亲自去推销给自己的同学，这样，孩子需要把这件事情清清楚楚地讲给同学，让对方明白并愿意支付会员费。初期不必在意数量，重要的是找到项目的种子用户，再做好口碑，然后再吸引更多人的加入。

**★ 课后叨叨**

对于小学生来说，想通过收取会员费来赚钱，并不是一件容易的事情。因为读书俱乐部的运营，需要付出更多的精力，组织起来容易，组织好了却不容易。如果孩子们能够通过读书俱乐部，找到拥有共同兴趣的伙伴，在课外获得了更多知识，也算是达成了赚钱之外的目的。

## 七、打造一款自己的品牌产品

我们的生活，是由无数的产品组成的。不同的产品，能够帮助我们解决不同的生活需求。

而对于创业者来说，最大的愿望就是打造一款畅销的产品，成为一个拥有广泛知名度的品牌。一个新的品牌，就像是自己的孩子，看着它一点点成长，是一件非常美好的事情。

对于孩子来说，能够打造一款属于自己的“产品”也是一件非常有成就感的事情。这一次，就让我们和孩子一起来看看，一款产品究竟是如何从0到1被制作出来的吧。

**1. 要做什么产品**

要做什么产品呢？这是一个难题。

对于孩子来说，要做什么产品，取决于两个方面：一个是孩子自己想做什么，另一个是想要解决什么需求。

孩子首先想起来的，一定是自己喜欢的东西，因为这是他们最熟悉的，他们了解产品的细节。这样切入的好处，是按照自己的喜好来，熟门熟路。

那么，除了自己的喜好之外，也应该引导孩子想一想，这款新的产品可以帮助别人解决什么问题。毕竟有需求才能有市场嘛。

我们可以做一个简单的表格，罗列一下种类，看看孩子想要做什么。

| 电子产品 | 化妆品 | 服装 | 食品 |
|---|---|---|---|
| 鞋子 | 皮包 | 户外产品 | 运动产品 |
| 玩具 | 零售 | 农产品 | 艺术品 |
| 鲜花 | 文具 | 宠物用品 | 家庭清洁 |
| 图书 | 动漫 | 车子 | 家具 |

孩子可能想做的东西比较多，如果一直犹豫不定，那就要学会做减法。从众多的想法中，明确下来一个。

**2. 为产品想一个名字**

一个名字，就是一个产品的身份标识。而一个好的名字，往往能够让消费者快速记住，有助于购买。

为产品想一个名字，孩子可能会想，这不是一件非常简单的事情吗？

说容易也容易，说难也是一件非常难的事情。那么，我们不妨给孩子几点建议，试试下面这个六步法：

| | |
|---|---|
| （1）喜欢的品牌名字，罗列2～3个 | （4）是否和其他产品同名 |
| （2）同类产品的名字，罗列2～3个 | （5）是否容易被消费者记住 |
| （3）自己产品的名字，撰写2～3个 | （6）是否可以塑造品牌故事 |

### 3. 谁会购买这个产品

好了，名字已经确定下来了。接下来，就要进入非常重要一个环节，想想这个产品的潜在购买对象会是哪些人，我们的产品可以帮助购买者解决什么问题呢？

对于这个问题，我们假设一下，孩子可能说，最想做一款好吃的零食。

这句话看似说得比较清楚，其实呢，还是有很大的改进空间。我们再和孩子一起把这个产品细化一下。

| |
|---|
| 针对的是哪一个人群 |
| 他们的年龄如何 |
| 他们的购买力怎么样 |
| 是否会经常购买 |
| 购买的理由是什么 |

那按照上面几点，我们请孩子继续延展一下，例如：

我想针对五六年级的小学生做一款零食产品。他们的购买力，主要是由自己来决定。这款产品的特点是含糖量非常低，可以经常吃。

这样下来，是不是就更明确一些了？

**4. 为产品做一份宣传单**

在完成前面的环节之后，我们的“产品”基本确定下来了。最后，让我们进入宣传的环节，为产品做一份宣传单吧。

我们还是以零食为例，为这款零食试着写两份宣传广告，一个拥有一定的创意性，一个按照传统的风格。

| 传统宣传单 | 创意文案 |
| --- | --- |
| 新品上市大促销 | 这是一个你想吃的广告 |
| 新品上市，现在不要5元钱，也不要3元钱，只要2.5元钱 | 我是一款刚刚诞生的零食，含糖量非常低，现在迫不及待地希望你把我带走<br>原本，我的售价是5元钱1袋，如果你现在就把我带走，5元钱就能带走2袋<br>求带走 |

**★ 课后叨叨**

这一节侧重于锻炼孩子的“产品思维”，通过一次完整的游戏活动，充分发散孩子的思维，在一个问题的基础上进行延展。培养孩子的财商，不仅仅是教会孩子怎样做生意，还有解决问题的办法，做事情的思维模式。

## 八、看看身边

现在一些学生有了商业意识。针对同龄人这个群体，因为最了解对方的需求，可以得到一些启发。

下面这些有趣的“点子”，可供参考。

| 动画卡片 | 在小学生群体中，非常流行奥特曼等一些卡通片的卡片，一些稀有的卡片非常难得，孩子们很喜欢。大家会做交换 |
|---|---|
| 爱吃零食 | 家长和学校通常都会限制吃零食，带来一些好吃的零食会被羡慕 |
| 多才多艺 | 现在的小学生们多才多艺，有的人英语口语非常好，有的人则擅长乐器 |
| 小宠物 | 每个人都喜欢宠物，可是家长们精力有限，不愿意给孩子买宠物，也可能是不具备养宠物的条件。于是，有的小学生把自己的小宠物，例如乌龟等体型较小、便于携带的宠物带出来让同学一起观赏 |
| 其他 | 例如漂亮文具用品等 |

**★ 课后叨叨**

能够发现真实的需求，从中挖掘商机，这是我们成年人做生意的出发点，这也是孩子认识社会、发现社会运行规则的良好机会。只要能够正确引导孩子，孩子们就能不断尝试新鲜的体验，勇于实现自己的想法。

## 九、模拟一名短视频创业者

现在短视频平台十分流行，很多博主拥有了很多的粉丝，成了名气很大的网红。在流量和影响力的加持下，商业上也取得了很大的成功。我们经常可以看到一些“出圈”的新闻，教网友学编程，展示超高才艺，成为网友开心果，等等。

在移动互联网时代，通过短视频创业赚钱，已经成为大众接受度非常高的一种方式。

对于家长与孩子来说，该如何模拟一名短视频创业者呢？

首先是一个“定位”的问题，先想清楚要成为一名什么类型的短视频博主，以下几种定位可供参考。

| | |
|---|---|
| **知识型博主** | 视频的内容主要是持续输出干货知识，例如编程学习、英语口语学习、兴趣知识科普等 |
| **才艺型博主** | 展示自己的才艺，如演奏钢琴、吉他等乐器，手工作品、美食作品的制作演示等 |
| **测评型博主** | 围绕着玩具、零食、文具用品等相关的东西进行测评 |

正所谓，每一个成功的短视频背后，都有一个善于引导的家长。制作视频，其实是一个复杂的过程，每一个环节，也都需要孩子参与进来，共同讨论：

| | |
|---|---|
| **选题策划** | 什么样的内容，才能最吸引人关注 |
| **脚本撰写** | 充分展示视频内容，需要提前准备好脚本，甚至还需要查找一些资料。一个好的脚本，是一个视频成功的基础 |
| **视频录制** | 不同的脚本内容，需要配合不同的画面，以及熟练掌握视频拍摄角度 |
| **剪辑制作** | 剪辑制作过程中，细节非常重要，孩子可以给出自己的建议，补充需要注意的细节剪辑 |
| **发布推广** | 发布之后，可以和孩子一起分析视频的数据，总结拍摄的经验和不足，不断改进完善 |

### ★课后叨叨

在移动互联网时代，一部手机就可以拍摄剪辑视频，大大降低了短视频创作的门槛。然而，短视频创业看似低门槛，其实背后是一项复杂的工程，并且需要持之以恒地做下去。与此同时，我们也应该注意到，我们需要把握好一个度，注意孩子正确价值观的培养。

## 十、成为一名小小的企业家

如果有一天，当孩子可能受到某种鼓舞与启发，突然对你说“我要成为一名企业家”时，千万不要惊讶，也不要立刻打消孩子的这个想法。

一项调查研究显示，在儿童或青少年时期开展业务，可以尽早拥有创业体验，并可以提高他们在以后的生活中取得商业成功的概率。企业家拥有有效解决问题能力和批判性思维能力，这对任何其他的职业道路都很有价值，而不仅仅是经营企业。

当孩子新的兴趣出现时，我们要做的就是及时捕捉并引导孩子完成他的兴趣方向，提供体验的机会。

如何教孩子成为一名小企业家，这里有一个“创业七步法”。

**1. 学习商业基础知识**

经营企业可能很困难，我们希望让我们的孩子尽可能感到轻松有趣。

· 先让孩子写下他的商业想法并选择一个；

· 接下来想出一个企业名称，并简单绘制一个标志；

· 向他们展示如何创建一个简单的启动预算，让他们列出开展业务所需的一切；

· 教孩子们有关收入、支出和利润的知识；

· 逐项列出费用，并用赚取的收入来支付这些费用。

**2. 发现机会**

一名优秀的企业家，能够早早看到别人看不到的机会。鼓励孩子寻找机会并采取主动，帮助孩子发现商机。

**3. 规划与决策**

企业家每天都在解决问题并做出决定。让孩子参与到商业决策中来。

另一种开始的方法是让孩子写一个简单的单页商业计划，用最简单的一段内容来阐述他们的商业模式：我是谁，我能够解决什么问题，我是怎样赚钱的，我的对手都有谁。

这个练习可以让孩子进一步清楚他们的商业概念，确定他们的目标市场。

**4. 学会推销自己**

每个孩子都有自己擅长的技能或爱好，他们需要学会自我推销，以及向同龄人、老师和家长寻求帮助和反馈。

他们必须尽早了解，在某个领域，可能有很多人比一开始的自己有更多的经验。所以，随着孩子的成长，学会自我推销将是一项必不可少的技能。

### 5. 认识网络的重要性

教孩子认识到网络的重要性，了解网络如何带来新的机会或资源，这些机会或资源可能使他们在以后的商业活动中受益。

这不仅对孩子很重要，当孩子及早知道这些技能时，他们将更容易解决他们未来的客户可能出现的任何问题。

### 6. 遇到困难时不轻易放弃

教会你的孩子，如何在喜欢的事情上努力工作，并且在遇到困难时不要轻易放弃，这是在整个创业过程中他们要学习的最重要的一课。

我们需要鼓励孩子的成功，但更重要的是，要让他们学会在失败中看到新的机会。当他们失败或遇到挫折时，指导他们始终以乐观的眼光看待问题，重新寻找机会，这样才能让商业理念变成现实。

### 7. 回馈社会

这一节的内容，其实是第四节内容的进一步概括与补充。做企业的本质是做生意，但并不是每个做生意的人都能够成为企业家。

让孩子了解企业家精神。创业不仅仅是为了赚钱，一个企业要承担一定的社会责任，要能够解决问题和帮助民众。鼓励孩子为社会提供帮助，支持慈善事业活动。尽管企业的首要任务是赚钱，带动就业本身也是对社会的最大贡献，但回馈社会也是企业经营中的重要组成部分。

### ★ 课后叨叨

我们在这一节的目标，是培养一个有创业精神的孩子。让孩子深入了解商业运行逻辑所获得的益处是不言而喻的，在这个时期获得的技能和经验都可以在以后的生活中得到回馈。但请记住，他们仍然是孩子，在实践的过程中保持乐趣才是最重要的。

# 第四章 家长必备的五个入门理财技能

在写这本书的过程中，我和许多人做了交流，包括同事、朋友，以及亲戚、邻居等各色人物。

关于财商这个话题，很困扰一部分人的问题是：自己都没有学会如何理财，怎么对孩子进行财商教育？

的确，我们在给孩子不断创造更多的财富，但也很少认真思考过，该如何赋予孩子更多的创造财富的思维和技能。

正所谓，授人以鱼不如授人以渔。如果我们自己能够掌握一些理财技能，丰富对于财商的认知，或许，我们在对孩子进行财商启蒙时能起到事半功倍的效果。

说到这里，可能有人会问，书中不是还有50个案例可以直接借鉴，这不就可以了吗？

在我看来，很多事情都可以学以致用。如果您自己具备了基本的理财技能，逐渐养成自己的财商思维，如此不仅自己可以实践，还能够传授给孩子，何乐而不为？

我希望借此机会，把我的一点心得体会，结合当下的实际情况，用最为简洁通俗的方式与大家分享，手把手教大家轻松掌握理财秘诀。

## 第一节 用最简单的方式买基金

记得年少的时候，每当从电视里听到有关基金的新闻报道时，感觉基金是一个非常高大上的名词。那些复杂的基金名词，听得年少的我云里雾里。这种认知，一直持续到了工作之后的很长时间里。直到我开始自己的理财之路，最先接触的就是基金。在掌握了一些入门方法之后，基金的神秘面纱也在被慢慢揭开。

基金普遍被认为是最稳健的理财方式，也非常适合新手。接下来，让我们一起了解一些基础的基金知识以及我个人认为适合新手的操作方法。

### 一、从“消费者”到“投资者”

也许我们已经习惯将收入的“货币”，通过购买行为获取“商品”的使用价值。食品、服装、家政、水电、家电、汽车、房子、网络、教育、培训、购买家庭生活的必需用品，每月开支固定的家庭花销，选择适合的商品服务满足特定的需求，“消费者”的角色似乎与生俱来，从来不需要学习。

而如果仅限于此，那收入永远只能获得“使用价值”，而不能用来“增值”，那我们在经济生活当中就永远获得不了另一个角色身份——投资者。

投资很容易，现代社会发达的金融体系和投资工具，已经让作为普通人的我们可以轻易参与其中。但是，投资又很难，难的就是在于跨出第一步。从“消费者”到“投资者”，不亚于《资本论》中所描述的最为“惊险的一跃”。

“思维决定行为，行为决定结果。”虽然我们很多人都不愿意相信这句颇具“鸡汤味儿”的名言，但它确实是一个非常正确的判断。我们常说，想成为富人就要具有富人的思维方式，而不是简单地模仿富人的生活方式，憧憬着买豪宅、豪车，享受奢华的生活。

现在，让我们一起做一个“白日梦”。假如，你的账户里有花不完的余额，你会去做什么？换一辆更加豪华的车？摆脱三室两厅，住进别墅，最好再配上贴心的管家和家政服务人员？名牌西服、手表、奢侈品包包、化妆品？请最昂贵的家庭教师？

大概率，你不会思考“碳达峰”“碳中和”时代背景下的新能源会让哪些资源变得稀缺，不会想到人口老龄化之后社会服务和社会结合的变化会带来怎样的商机，不会有意识地在5G、人工智能、量子计算、元宇宙和NFT等领域提前布局资产。

当然，这个思维实验只是将我们放在一个极端的环境下进行假设，普通人也不必去真的研究这些深奥的投资问题。但是，这会给我们带来一些思考。

在羡慕所谓“富人”的这件事情上，我们需要转换视角，从看富人如何花钱，转换为去看富人如何赚钱。

花钱，就是作为一个消费者，去享受“消费者就是上帝”的荣耀，满足自己的个人欲望。

赚钱，就是作为一个投资者，去思考如何才能通过自己所提供的服务，为别人带来价值，满足别人的需求，从而为自己赢得利益。

花钱与赚钱似乎是一个硬币的两面，但却是截然不同的两种思维方式。而作为投资者，就要去考虑投入是否有回报，权衡此投入与彼投入哪个更有价值。

想成为富人，就去成为能赚钱的富人，这样才是真正的富人，而不是只会花钱的富人。

世界上有两件事情是最为艰难的：第一件事情，就是将自己的思想装进别人的脑袋；第二件事情，就是把别人钱装进自己的口袋。

而在这一章节，我要尝试一次性达成这两件事情：第一，让你的思维能够从“消费者”转变为“投资者”；第二，让你开始挣到人生中投资的第一桶金，即使这个“桶”真的很小很小，但并不妨碍它具有里程碑意义。

买上人生的第一只基金！宣告一个投资者的诞生！

## 二、最为简单的选择

我们现在拥有着足够让人“选择困难症”和“密集恐惧症”同时发作的金融投资工具。那对于入门级选手，我们应该如何去选择呢？

在科技界，有一个经典的“奥卡姆剃刀”原理，当我们只有通过足够复杂的推导才能勉强得到某种结论时，那大概率这样的结论也是错误的。

这样的最简原理其实也适用于投资界，基金定投就是这样的适合初学投资的简单选择。从这里开始，可能要带有一些投资领域的专业术语了，但我还是会尽量描述得简单一些，必须要用到的术语也会进行通俗解释。

很多人都知道，基金相对于股票虽然收益较低，但更具有抗风险性。但是即使如此，基金的交易操作对于初学者来说仍然有一定门槛。

一般而言，基金的投资方式有两种，即单笔投资和定期定额。而其中的基金定投方式，可以说是基金投资中最为扬长避短的投资方式。由于基金定投起点低、方式简单，所以它也被称为懒人理财。

在业界流传着这样一句话：要想在市场中准确地踩点入市，比在空中接住一把飞刀更难。相对定投，一次性投资收益可能很高，但风险也很大。由于规避了投资者对进场时机主观判断的影响，定投方式与股票投资或基金单笔投资追高杀跌相比，风险明显降低。

基金定期定额投资具有类似长期的特点，能积少成多，平摊投资成本，降低整体风险。

它有自动逢低加码、逢高减码的功能，无论市场价格如何变化，总能获得一个比较低的平均成本，因此定期定额投资可抹平基金净值的高峰和低谷，消除市场的波动性。只要选择的基金有整体增长，投资人就会获得一个相对平均的收益，不必再为入市的择时问题而苦恼。

除此之外，基金定投还有很多优点，比如手续简单、省时省力、定期投资、不用考虑时点等。

如果家长们感兴趣，可以自己去搜索一些资料学习。顺便说一句，从最初的投资开始，就要养成自主搜集资料、自主学习、自主判断的能力，这一点甚至比所谓的快速致富投资技巧更加重要。因为你掌握的有效信息越多，相应的投资成功率也会提高。

## 三、到底如何入手

在这一节的开头，要事先声明：本书不倾向于推荐任何具体的投资顾问或者平台。涉及部分，仅仅是为了更加具体地说明问题、提供方法，家长朋友们还是要根据自己的实际情况进行选择。

前面普及了一点基金定投的概念，接下来，我们要进一步向高端投资者进阶。但“简单”仍然是我们不变的主题。

“跟着大V买基金”，如果你现在搜索这个关键词，估计肯定能够得到很多负面的答案。比如说大V只在牛市中出现，冒充股神、基神；在熊市时则销声匿迹，不见踪影。又比如说大V参与基金分享，等于是通过流量来售卖产品，根本不具有参考性。再比如说有些学生、低水平从业者也在冒充专家，良莠不齐、真假难辨。

这些负面的疑问有没有道理？它们确实反映了互联网金融圈

子的某些乱象，但是这些质疑也同样存在一个问题，那就是“破”了之后没有“立”。对于投资金额少量化、投资时间碎片化的大多数普通投资者来说，哪里可以获得更加专业有效的信息呢？

从我个人的经验，在投资的初期阶段，如果一点基础也没有，要注意所选择的平台。当然，前提是选择信用度高、口碑好的平台，请时刻记着入市有风险这句话。

首先，从专业性上来讲，大 V 相对于那些刚接触基金没多久、不太懂，或者没有时间去研究的朋友来说，可能真的是专业很多。

其次，可能这些大 V 的语言风格比较活泼且观点鲜明，跟那些专业的财经媒体相比，不会用很难懂财经名词，所以对于普通人来说比较有吸引力。然后，很多大 V 为了提升自己的活跃度和影响力，会很积极地回答用户在投资过程中遇到的各种问题，所以这也是大 V 受欢迎的原因之一。

而更加进阶的是，我们应该学习的是他们分析基金的方法以及构建基金组合的策略和逻辑。同时，对于初学者来说，对于基金内容平台的选择更加重要，因为优质的基金内容平台会帮你过滤掉一些东西。

比如专业的投资社区肯定优于一般性的短视频平台。这里来说说我曾经使用过的，较为认可的某某基金平台。

该产品是互联网金融投资界某 App 旗下的基金交易平台，它推出了一系列“玩转指数基金”课程知识，非常适合新手学习。除了讲到沪深 300、上证 50、中证 500 等宽基指数外，还涉及行业指数 ETF 等，内容非常丰富。整个系列由浅入深，从基金的类型、参数指标开始讲起，再延展到如何做好配置规划、何时止盈卖出等具体操作，同时展示科技、食品饮料、新能源车等不同行业指数基金的动态信息，对经典图书的知识是非常及时有效的补充。

关于某某基金，其平台上，有很多投资人开设基金定投组合课程。我当时也是在推荐之下，选择了每期跟着做定投。在关注定投组合后，每期都会收到“发车”的短信提醒，也算省下了很多挑选、择时的麻烦。

## 四、关于收益与亏损

很多人畏惧投资，收入不足、家庭负担重、没有专业知识、时间不充裕，其实最后都指向一个：那就是畏惧亏损。

因此在本节的最后，我们谈谈投资道路上的第一块，也是最大的一块绊脚石，如何看待收益与亏损。

投资相对于消费来说，最为明显的不同就是不确定性。消费意味着等价交换，而投资则不然，可能以小的本金撬动更大杠杆，得到更多的价值；也能颗粒无收，甚至失去本金。

那有没有只收益而不亏损的投资呢？答案是没有。

我们要记住盈亏同源，投资的某种习惯既可以给你带来收益，也可能会给你带来亏损。盈亏同源是指在交易中盈利与风险同在。你如果放弃了承担高风险，自然也不会产生高盈利；如果你想获得高盈利，必须要承担高风险。

风险是不以人的意志作为转移的，之所以能稳定盈利，是因为风险还没有爆发。在市场中，如果不区分个体，那么整个市场的风险与收益总是一致，之所以有人赚钱有人亏钱，是因为赚钱的人在风险还未爆发的时候脱离了市场，亏钱的人往往在风险爆发之前没有意识到，等到风险到来时往往已经来不及了。

投资中没有定则，其中较为科学的方法，也不是本书的篇幅所能涵盖的，在这里只作介绍和引导。如果说一定要告诉家长投资者们最为重要的原则，那就是止盈的价值远大于止损。

止盈的方法也有很多，比如：预期收益止盈，投资者可以直接设置一个预期收益目标，比如预期收益是10%，当基金收益达到10%时，投资者就可以全部卖出或者部分卖出；再者是比较指数，投资者可以关注持有基金相关的指数，指数往往对行情的走势是最直观的，当指数在上升通道，投资者可以继续持有，当指数在下行通道，投资者可以及时止损。

总的来说，基金风险较小，回报率尚可，波动小，是很多小白的入门理财之选。对于大多数理财小白来说，与其自己盲目购买，倒不如交给专业的人士或平台来打理。

当然，任何投资都是有风险的。从一个过来人的经验来讲，只要我们用于投资的钱，哪怕亏损了一些，也不会影响生活，而且在你的心理承受范围之内，这就成功迈出了理财的第一步。

## 第二节 尝试买几只你熟悉领域的股票

通过上一个章节，你已经从普通的消费者，成了一名合格的投资者。持有了几只稳健的基金，拥有了一定的投资收益，即使仍然处于理财的初级阶段，你也一定会思考如何进一步提高家庭收入余额的利用率，让它们发挥更大的作用。

在这个时候，尝试买几只你熟悉的股票，可能是一个新的选择。

在正式开始之前，跟大家分享一个真实的事例。

安徽合肥的一位投资者是位退休副教授。

他从1993年开始炒股，每天都会按时锻炼看报，8点准时从家前往证券市场，一直待到下午3点休市。他说，几年就赚回了本金，现在用赚的钱炒股，还能预防老年痴呆。他表示，自己是学经济的，自己选股票的原则是，选有发展的、符合国家政策的。

他的心得就是：搞股票不能冒险，不能看到股票涨，你就上，那不行，要稳。现在都是用的股市里赚的钱，在股市上炒股心里不紧张，赚了也好，亏了也不要紧。

他的本意，可能只是为我们展示一个可爱老人对于股市的态度。但也点出了买股票最为核心的概念：专业知识、选股策略和投资心态。这些值得我们家庭理财借鉴。

## 一、购买股票 ABC

市面上流通的股票种类有很多，对于我们普通的家庭投资者来说，通常说的就是A股，其他股市投资产品因为存在较高的门槛，因此我们暂不介绍。

A股的交易时间是周一至周五的9：30—11：30、13：00—15：00，也就是说每天的交易时间为4个小时，而且法定休假日除外。

想开户炒股的，目前只有一条选择，就是去证券公司开立股票账户。开户是有90元的开户费的（上海A股40元，深圳A股50元）。但现在开户都是免费的，这是因为证券公司为了吸引客户来买卖股票，主动帮客户缴纳了开户费用。

那证券公司靠什么来维持收入呢？答案是佣金。佣金费率是买卖一次所收取的交易费率，买卖双方双向收取，这个是由股民所开户的证券公司收取的。国家规定，证券公司所收取的佣金费率最高不能超过3‰，最低不限。

是不是去哪家证券公司都一样呢？答案是否定的。因为不是所有的证券公司都会给你最低的佣金费率。

很多证券公司的佣金费率还是按最高的3‰来收的。而且有些小的证券公司，是不能办理创新类业务的，比如融资融券、股指期货。所以，在开户之前就要了解该证券公司是否有此类业务的资质。

开户还需要注意的事项：一是虽然股市周末休市，但很多证券公司周末都能办理开户业务，周末可以联系预约办理；二是一般的开户是免费的，不需要带现金即可办理；三是开户需要带上第二代身份证及银行卡。

其实在移动互联网功能无所不包的现在，开通证券公司交易账户甚至可以通过手机 App 完成，能够在手机上开炒股账户的软件也有很多。

选择其中一个软件开户，依次按步骤说明填写点击下去，主要内容要提供手机号码、身份证正反面、绑定银行账号、设置密码，同时最主要的还是视频认证，认证完一般在一个工作日内可以开户成功。

开户成功后，手机会收到资金账号发来的信息。如果你的资金账户绑定的是招商银行，就得先从招商银行客户端上转一次钱到资金账户，才可以把股票账户激活，转完钱，激活账户就可以登录资金账号，看到你的资产，同时这里也将是你购买股票和获取收益的“大本营”。

## 二、交易前的知识修炼

不同于基金相对傻瓜化、理财化的操作，进行股票交易之前还必须学习一些基本的股市技术常识。好吧，虽然枯燥，但是毕竟拿出去的是真金白银，所以我们对股市知识也要有一定的储备。

首先是看懂K线图。如果把图片的细节放大，我们可以看到很多像小蜡烛的图形，它构成了一只股票在一定时间段内的价格、走势、成交量等诸多信息，是每一位股票投资者必须掌握的入门基础。

蜡烛的颜色代表股价的涨跌。以日K线图为例：如果当天收盘价＞开盘价，收盘价在上，开盘价在下，两者之间的实体以红色绘制，成为阳线，代表股价上涨；反之当天收盘价＜开盘价，开盘价在上，收盘价在下，两者之间的实体以绿色绘制，成为阴线，代表股价下跌。

K线图

实体的蜡烛部分，表示了单个坐标周期内的成交量。蜡烛长则代表成交量大，蜡烛短则表示成交量小，它主要受该只股票的供求关系的影响。

突出实体的部分称为上影线或下影线，是当天股市的最高价、最低价与实体之间形成的价格差。

然后是股票买卖的单位和交易产生的费用。

股票买卖以“手”为单位。1手＝100股，少于100股的1 ~ 99称为零股。交易时，委托买入的最低单位为1手，也就是100股。

所以，股价 ×100就是最少的购买股票的钱。而每笔交易的过程中，都要收取一定的费用。

股票的具体交易方式是通过报价来委托给证券交易公司执行，简单来说，就是在炒股App中通过设置交易条件来进行。股市本身有一系列处理交易的制度秩序，来确保交易的公平透明，可以暂时不了解。我们只要知道我们主要的委托方式是“限价委托”和“市价委托”两种就行了。

限价委托就是用户先限定一个买入或者卖出价格(如14.31元)。好处是价格可控，当股价到达这个价格，就会以14.31元这一价格成交；坏处是如果股票价格始终高于14.31元，那么需要耐心等待，也有可能导致当天无法成交。

市价委托就是只指定交易数量，但是不给出具体价格的委托方式。好处是同样的报价，市价委托优先于限价委托，因此它能保证即时成交；坏处是成交价格可能会偏高。

还有一些股票相关概念需要知晓。

T+1交易：当日买入的股票第二个交易日才可以卖出。当日卖出股票的钱，可以立即买入新股票。如果要转出，需要等到第二个交易日。

A股：人民币普通股票，境内公司发行，人民币认购。

B股：人民币特种股票，人民币标明面值，外币认购。

H股：港股。

多头：预计股票会价格上涨的人，看涨 = 看多。

空头：预期股票价格会下跌的人，看跌 = 看空。

多头市场：牛市，股票价格普遍上涨的市场。

空头市场：股票长期下跌的市场，也叫熊市。

利多：刺激股票价格上涨，对多头有力的因素或消息。

利空：促使股票价格下跌，对空头有力的因素和消息。

套牢：预期股价上涨，买进后却一直下跌。

涨停 & 跌停：一般是10%，ST股（上市公司连续两年亏损并进行特别处理的股票）是5%，新上市的股票上市当日涨跌幅不受限制。

## 三、股票投资的基本功

做任何事情都要有天时、地利，股票投资也是如此。在已经开好户、划转好投资资金、具备一定的股票基础知识之后，这一节中我们就一起来探讨股票投资的“天时和地利”，开启快乐简单的股票交易之旅。

在此郑重提示：股票有风险，交易需谨慎。

所谓的天时，就是要看准入场时机，在股票市场便宜的时候进场买买买；而地利，则是合理布局资金，建立属于自己的投资组合。

### 1.“天时”

股票交易获利的基本原理就是“低买高卖”，在低位的时候买进股票，在高位的时候售出，以此来获取差价。那什么时候才是股市的高位和低位呢？这里当然有专业的方法去计算。

衡量股市中股票的价格主要是看其中上市公司的市盈率 PE 值和市净率 PB 值两个指标。市盈率（PE）= 市值 / 净利润 = 买下公司需要的钱 / 每年能赚到的钱，也就是说 PE 值越小，意味着回本年限越短，越有投资价值；市净率（PB）= 市值 / 净资产 = 买下公司需要的钱 / 属于公司资金的资产，同样，PB 值越小，公司资产价格越低，越有投资价值。

我们将 A 股中 3 000 多只股票的市值、净利润和净资产进行合并，就可以简单地得出当前股市的状况。如果 PE 值、PB 值都较低，代表整个 A 股比较便宜，是入场投资的好机会；如果 PE 值、PB 值都处于高位，代表市场整体较贵，此时应该退出股市。

当然，我们还有沪深 300、中证 500 等指数方式来进行入市时间的判断，也都是同样的思路：大体估计股市的状况，是否存在重大泡沫，市值是否超出公司的盈利能力和实有资产总和，在此就不一一赘述，有兴趣的朋友可以自行学习。

关于如何计算 PE 值、PB 值，我们也不需要真的自己一点点去合并整个 A 股 3 000 多家上市公司的数据。因为我们现在有很多实时在线的简单分析工具可以使用，通过各种选择菜单和参数的调整就可以看到 A 股宏观的数据分析图。感受自己分析的乐趣，这是其他所谓专家不能代替的。

**2. 讲“地利”**

所谓地利，就是在我们选好入市时机之后，如何组合搭配自己持有的股票，以避免各种各样的系统性风险（整个股市存在整体下跌的风险）、非系统性风险（单只股票存在下跌的风险），诸如政策改变导致企业生存条件变化、通货膨胀风险，市场利率波动、公司违背信用所产生的风险、违背道德事件。

浅显地来说，就是鸡蛋不要放在一个篮子里。

股市自然有涨有跌，单只股票也有高位低位，如何通过适当的组合选择，来对抗这种涨跌，持续稳定地获得收益，这就是“地利”所要做到的。

持有 4 ~ 8 只股票最安全。我们可能很自然地想到，在资金充裕的情况下，越多地持有股票就可以更好对抗风险。但是经济学计算却告诉我们，当股票超过一定数量时，随着股票数量的增加，回避风险的效果只是略微增加，而持有 4 ~ 8 只股票则是避险收益最大、最为经济高效的选择。

分散行业，同行业的资金占比不要超 30%。如果购买同行业股票过多，当该行业遭遇周期性风险时，自己的资金将全部暴露在危险之下。因此，要严格控制投资组合中同行业股票的比例，通常公认的安全线是 30%。

接下来，我们再来探讨下更加微观的阶段，如何在数千家上市公司中选中优质的个股。

当然，最为直观的就是查看近期股票价格的涨势，这在任何一个股票交易 App 中都能做到，但是短期价格的上涨有可能是跟随价值上涨而产生的上涨，也有可能只是围绕价值产生的波动，并不具有客观的参考价值。

因此，在股票当中也有“黑马股”和“白马股”之分。黑马股就是本来不被看好，却能出乎意料地在短期大幅上涨的股票；而白马股则是投资回报率高，长期业绩优秀，信息相对可靠的股票。二者之间，对于初级投资者来说，当然是选择白马股更加稳妥和放心。

如何选出心目中的白马股，这里有一个非常重要的概念就是投资回报率，一只股票的投资回报率（投资的钱所赚钱的比率）=（卖出价格 / 买入价格 –1）× 100%。

这是具体量化历史成交数据中投资回报的重要指标。在统计工具的帮助下，按图索骥、寻找白马的第一条筛选条件就是：投资回报率连续 7 年 ≥ 15%。大家可以自己通过分析工具来进行尝试。

值得注意的，我们在关注投资回报率的同时，新手投资者必须学会如何剔除周期股。

简单来说，就要暂时规避一下四个行业：作为工业基础原材料的大宗商品相关行业，比如采掘服务、钢铁、化工合成材料、化工新材料、石油矿业开采、有色冶炼加工、化学制品等；航运业，比如远洋运输、港口航运、机场航运、交运设备服务等；非生活必需品行业及与之相关的行业，比如国防军工、汽车整车、汽车零部件、建筑材料、建筑装饰、房地产等；非银行的金融行业，比如证券、保险及其他。

并非说以上行业的股票没有投资价值，只是因为它们太过于依赖行情走势，对信息的敏感度和操作的即时性都有着很高的要求，所以不推荐新手投资。等自己的投资水平和信息处理能力提高后，可以视情况进行投资。

白马股组合之外，初学者可以学习的就是“便宜组合”。因为大家都在抢白马，因此价格高昂，当我们资金并不充裕的时候，就要选择价格低廉，但是有一定成长潜质的股票，毕竟我们持有股票的最终目的是获取差价收益，而不是进行储蓄。

**3. 人和**

“人和”其实和之前的“天时”“地利”是并列关系。但在真正的股票投资过程中，“天时”“地利”我们不能左右，“人和”反而起到了高于其他二者的作用。

“人和”就是拥有强大的投资者心态，也就是我们的理性、韧性和耐心。A股3 000多家上市公司，这些公司所涉及的专业知识五花八门，所属行业和经营情况都千差万别。作为初学者，从入门方法做起，初探白马组合和便宜组合，严格执行投资计划，会获得合理的收益。通过更深入学习，学会分析公司，然后获得更高的收益，降低现有的风险。股票投资入门简单，精通难。想要获得超额收益，就需要付出超额努力。

记住以下几条定律，也许在今后的股票投资道路中会对你有所帮助：

贪多嚼不烂：面对波动，甚至股价大幅下跌的时候，我们要做的就是，坚持自己的投资计划，相信组合的力量，不被波动牵着鼻子走。

波澜不惊：对于小白来说，没必要时时盯盘。尤其是面对股票跌得较多时，一定要保持定力，不要跌了立刻就卖，也不要盲目追涨。

长期持有：翻看过往历史记录，对于优质的股票，长期持有者几乎都能够获得丰厚的收益。

如果学习了前面的知识后，你已经做好了从心理到知识、再到资金工具的准备了,那么赶紧入手购买几只熟悉领域的股票吧!

## 第三节 购买收益稳稳的国债

除基金、股票之外，适合家庭投资理财的金融产品还有哪些呢？答案之一便是国债。在稳定和信用上，与更富有风险的基金、股票不同，可以说是金字理财产品。

本节就带大家一起从头开始梳理下国债的知识，让我们的投资渠道更加丰富，也能够进一步分担风险，优化资产配比。

### 一、什么是国债

国债，又称国家公债，是国家以其信用为基础，按照债的一般原则，通过向社会筹集资金所形成的债权债务关系。国债是由国家发行的债券，是中央政府为筹集财政资金而发行的一种政府债券，是中央政府向投资者出具的、承诺在一定时期支付利息和到期偿还本金的债权债务凭证。

由于国债的发行主体是国家，所以它具有最高的信用，被公认为是最安全的投资工具。

中国的国债专指财政部代表中央政府发行的国家公债，由国家财政信誉作担保，信誉度非常高，历来有“金边债券”之称。稳健型投资者一般都喜欢投资国债。

## 二、为什么买国债

经济起伏时，股票市场、基金市场就会波动，此时入市风险高，这时国债基本上算是零风险的投资方案。

因为企业债是由企业偿还债务，而企业在发生经营困难或者重大损失时，若无稳定可靠的资金来源渠道，则极有可能丧失偿债能力，比如企业倒闭，金融机构受到重创。所以企业的违约风险比政府的违约风险大很多。

而国债是由国家来偿还债务。通常，国家不容易发生经济体系完全破坏的情况，所以政府具有较强的清偿能力。国债则被认为不存在任何违约风险，几乎是零风险的投资。

## 三、国债分哪些类别

下面讲讲：记账式国债、凭证式国债、电子式国债。

1. 记账式国债

可以在国债到期之前进行买卖的国债。由于市场供求和价格涨跌的关系，记账式国债的最大特点就是，投资者拿到手的利润包括两个方面：买卖之间的差价和持有时长的利息。

这种国债的价格可以通过市场来判断，比如国家提高利率时，大家争相购买，国债价格自然会上涨。按规定，只有记账式国债可以在证券交易场所进行买卖。

影响记账式国债价格的因素非常多，那我们应该何时入市呢？

先明确一个供求关系。当国债市场活跃、人们手里的空闲资金量大时，就会想要入市投资，人们对国债的需求增大，那么国债的价格就会随之而上升；反之，当大量持有者想要卖出而少人买进时，国债的价格也会随之而下降。

2. 凭证式国债

以国债收款凭单的形式作为债权证明，可以记名、挂失，不可上市流通转让，可质押贷款，可提前兑付。提前兑取时除偿还本金外，利息按实际持有天数及相应的利率档次计算，经办机构按兑付本金的 2‰ 收取手续费。凭证式国债到期一次还本付息，不计复利。

3. 电子式国债

与凭证式国债一样，只是记录凭证的形式是电子信息式记录，即通过电子账户记录购买的国债。因此，购买该种国债之前需要先开立一个账户，然后可以通过电话、互联网等查询自己购买的国债，不再拥有纸质的凭据。

## 四、如何购买凭证式和电子式国债

凭证式国债发行日都是既定的，即发行月的 10 日。

凭证式国债购买地点为银行，需要投资者携带本人的有效身份证件去银行的网点柜台购买。由发行点填制凭证式国债收款凭单，其内容包括购买日期、购买人姓名、购买券种、购买金额、身份证件号码等，填完后交购买者收妥，办理手续和银行定期存款办理手续类似。

目前国家认定的凭证式国债购买点有：中国工商银行、中国农业银行、中国银行、中国建设银行、中国交通银行、中信银行、光大银行、华夏银行、浦发银行等。

电子式国债与凭证式国债基本相同，只是通过网站或者官方App进行购买，在此不再赘述。

## 五、如何购买记账式国债

可以选择在银行购买，购买方法与上面购买凭证式国债的方法相同。也可以选择在证券交易账户买卖，步骤如下。

先在某证券公司开户。在线下开户时，需要带上身份证和银行卡，填写相关的开户申请书，签署《证券交易委托代理协议书》，并开设资金账户，到银行营业厅办理好资金第三方存管即可。

开户完成以后，投资者就可以下载开户券商的行情交易软件进行交易了。在线上开户时，可以直接下载证券公司的App进行开户，或登录证券公司的官方网站进行开户。

操作完毕，在证券账户中存入资金。记账式国债一般面值为100元，10张为一手，所以1 000元是基础资金。

与股票类似，通过开户和资金注入，就可以通过证券公司进行债券的购入和卖出了。

需要注意的是，介绍国债的目的是在基金和股票之外有一个类似于“稳定阀”的投资渠道。国债由国家财政信誉作担保，是最为稳妥的投资方式之一。但是，其中的记账式债券价格受市场影响。

## 第四节 让收入多元化

“马无夜草不肥”，古话能流传至今，肯定有它的道理。对于家庭理财来说，这句话也是金科玉律。在前面几节内容中，我们介绍了基金、股票、国债三种可以让“钱生钱”的投资方式。

现在开始，我们继续开启家庭理财的另一个单元，那就是解决“开源”的问题。如何在稳定工资之外，让自己的收入更加多元化，让消费更加自在，更让投资能够有另外的“源头活水”，不至于动用工资储备金，影响生活质量。

我的一个朋友郑女士，她在芜湖做职业高中的老师，她每月5 000元的工资在当地不算太高，可是她有一项独特的技能，那就是摄影。

每个周末，我都可以在朋友圈欣赏到她分享的最新作品，一传十、十传百，她现在已经是芜湖小有名气的自由摄影师。由于成品效果不输影楼，价格更加合理，服务更加周到，找她拍写真至少需要提前2个月预约。

每个周末，她用1天的时间拍摄、1天的时间做后期，每单有1 000元以上的收入。这项独特的技能已经让她工资之外另有5 000元的收入，合计1万元的月收入可以说让她站在了当地工资收入的高端。

与其临渊羡鱼，不如退而结网。郑女士的故事并不适合每一个人，但是在本职工作之外，充分将自己的技能进行专业化，并从中获得附加的收益，这就是家庭理财开源的最佳途径。

## 一、通过技能增加额外收入

在这一小节当中，我将通过事例与大家分享如何利用自己擅长的技能赚钱，给大家提供许多通过技能赚钱的思路，推荐不同的技能赚钱平台，最后再尝试升级自己的“商业模式”，从而更高效地赚钱。

学会自我认知。首先我们要更正一个思维，有时候收入不理想并不是你没有足够的技能，而是处于一个相对较低的平台或者低回报的行业。如果你受过一定的教育，并且乐于接受和学习新鲜事物，在职场中能够生存，那你一定就是个多才多艺的人生赢家。

假设你在一家公司从事文职类工作，尝试列一下自己的技能表单，其实就会发现自己真的会做很多事，拥有很多技能。

如：

（1）写产品销售文案——写作；

（2）策划活动方案——活动策划；

（3）做产品的介绍 PPT——PPT 制作；

（4）为公司宣传与销售提供解决方案——培训；

（5）维护微信公众号——文章排版、运营新媒体。

在列出的这 5 项中，寻找你最为擅长的 1 ~ 2 项，比如你比较喜欢的是写作与制作 PPT，那就可以把这两项作为获益的主要技能了。

不过，我猜很多人会想，虽然最擅长的只有那么一两个技能，不过其他的事情也不是人人都会做，比如文章排版、运营新媒体、培训这种，应该也算是自己的技能吧。

没错。但为什么我一直强调要坚持选择自己的主打技能呢？因为如果每个技能来独立尝试，可能要花费很多精力和时间，没办法兼顾，也无法专注在一个方面去钻研，有可能收效甚微。东做一点西做一点，难以使学习和行动产生累积效应，也难以给自己带来实质的收入增长。

所以，要切记：切不可贪多！

有人要问，那不是所有公司的文职类岗位都会这些吗？怎么体现自身的特色呢？这就是第二步，学会将自己的主要技能和辅助技能进行叠加，让自己变得与众不同。

我们应该以自己的主技能为中心，连接多个辅助技能，向四周发散，从而实现技能的多元组合。用这个方法，你会很清晰地看到自己的技能像一棵树一样，因为现有技能的融汇，而获得更多的综合技能。除了在每个技能点上深耕，以强化该技能，我们还可以将这个技能和其他技能相结合，不断延伸，以增加自己技能的多元性。

具体是怎么实施的呢？

这里，大家可以用技能连接的方式来帮助自己理清思路。

我们以“写作”这项技能为中心，可以延伸出活动策划、PPT制作、培训演讲、新媒体运营、创意、营销等辅助技能，与不同的行业需求相结合，可以产生独具特色的新的方法。

比如：

写作 + 活动策划 = 主题婚礼策划、品牌活动策划，甚至还可以延伸至其他，比如展览策划等；

写作 +PPT 制作 =PPT 模板设计、PPT 定制、PPT 制作技巧分享、PPT 制作课程开发；

写作 + 培训演讲 = 微课讲师、写作课线下讲座；

写作 + 新媒体运营 = 公众号运营、新媒体编辑。

这其实就是核心技能加上一个新的维度，通过我们的各种行动，获得新的变现方法。

有些小伙伴可能想说，一开始找不出来这么多维度。我们只需要围绕核心技能，从一个维度开始行动，在行动中不断思考，就能发现更多的新维度。

记得积累。让别人为自己的技能支付报酬，这可能是全世界最简单的事情，可能也会是全世界最难的事情。

比如，写作的技巧和知识大家都有，但如何写好营销文案呢？

记住，一万小时定律在任何时候都不会让你失望，没有通过积累磨炼的技能是不容易获得报酬的。

在最开始，你可以通过阅读广告文案技巧和营销类书籍作为输入，每天提早起床两小时看书，形成理论、方法、案例和趋势四大方向的行业知识积累。充分利用碎片化的时间，去阅读广告类的公众号，这些相关的公众号每天都会分享大量最新鲜的文案案例和写作技巧。

千万牢记不要跟着推送阅读，而是根据自己所需按主题阅读。这个很重要，因为现在的公众号信息非常多，如果没有自己的筛选的话，可能你怎么看也看不完。按推送阅读，你就会被信息洪流吞噬，而按自己的需求阅读，你就成了信息的主人。

用下班后或者周末的大块时间阅读书籍、学习课程，利用碎片化时间阅读一些公众号文章，看到好的、可以学习的，收藏起来，下班后再整理吸收，合理地分配时间和精力。

尝试输出。想要真正地提升一项技能，光学习还不够，还需要把学到的东西运用起来，在不断输入的同时，也保证不断的输出。

但是，有99%的人迈不过主动输出的门槛，而将自己封闭在狭小的空间中，更难多元化自己的收入。

尝试输出有两大好处。

首先，它是最好的检验学习成果的方式。写出来，讲出来，才知道自己哪里掌握得不牢靠，从而能够有针对性地复习。

其次，也是更重要的，当你输出的时候，就是开源的开始。输出不但能够帮助自己学习提升专业知识，还能提升写作表达能力，更能积累在这个领域的个人知识库，而这些都是开源的素材。

输出有三个步骤，分别是应用到工作中、形成作品、分享呈现。

比如我们学习到营销文案的相关知识后，必须让自己有意识地将所学知识应用到日常的文案撰写中，检测自己掌握知识的熟练程度和灵活度，再根据读者的反馈或者阅读量等数据，不断督促自己优化提升。

在不断输入、输出的循环过程中，我们就可以开始尝试利用这个技能来接单写营销文案了。将所学用于撰写杂志软文、电商文案的接单中，如果被发表出来或者被采用，那就真正形成了自己的作品。

积累一段时间的接单经验后，我们可以更进一步，开始打造自己的品牌。将自己在学习营销文案、接单过程中的一些心得体会形成文章，发布在自己的公众号上，分享在朋友圈里，不断收获潜在客户的需求。

有输入，有输出，最后还能获取收益，既实现了成长，又获得了收入。

再分享一个我身边的故事。

文浩和敏敏是一对校园情侣，毕业后敏敏在家乡的一家外企找到了专业对口的工作；而文浩为了能照顾妻子和未来的孩子，放弃了在北京的工作机会，回家乡创业，开了一家当时很热门的母婴店。但是母婴店大潮中，生意并不像想象的那么好，除去日常开销，家庭收入显得有点入不敷出。

敏敏的特长是心理学，在外企人力资源岗位摸爬滚打的工作经历，更加坚定了她对心理学未来应用的信心。工作之余，敏敏自学了心理学硕士课程并拿到了学位，结合自家母婴店前期积攒的客户和人气，和老公一起成功将母婴店升级为“父母教育中心”，每周开设相关教育课程，人无我有，这家店逐渐成为家乡最先进的母婴实体店。

现在，文浩和敏敏的儿子已经7岁，到了动手能力强的阶段，文浩利用工业设计专业的特长，自行开发了一系列木工手工课程。

目前，他们的店铺在家乡售卖母婴产品已经是收入的小份额，“正向教育”+“木工课程”双核驱动，经营水平直追一线城市，用自己的技能打造了属于自己家乡的明星产业，每月3万元的净利润也让整个小家开始有了新的生活目标。

虽然励志，但这段家庭创业历程可能对于我们普通家庭来说有点遥远，其实，我们可以从更加简便的做起。

## 二、开始的平台

以写作为例，我们学会了从选择核心技能到积累磨炼，再到输出作品，最后打造自身品牌的技能获益流程。万事开头难，那我们应该通过什么渠道去尝试呢？

不要着急，我为大家详细整理了当前主要的核心技能获益渠道，主要适合“家庭小作坊式”的收入获得，至于如何形成规模和商业模式，后面我们再慢慢道来。

程序员可以业余兼职写代码，可以在猪八戒、码市、程序员客栈等平台上接项目。我有个朋友在这个网站上接单，一年收入能稳妥地过十几万元。

会设计logo、名片、网页、App页面等的设计师，可以在猪八戒、斗米兼职、UI中国、花瓣网、云匠网等平台展示作品、吸引客户、接设计需求。

会做视频后期剪辑的，可以加入豆瓣上的影视制作资源小组，里面有很多商家有视频制作剪辑的需求。如果是新手，也可以先在B站上练练手，自己用能够下载的素材做一些宣传片或者预告片，B站也会给到一些原创奖励金额。

会写文案、书评影评的话，可以给自媒体投稿、给平台写书评，也可以去今日头条、微博、简书、微信公众号等平台写稿，这些平台有的有广告分成，有的可以开通赞赏功能，你文章的阅读次数越多，你获得的分成也会越多，被赞赏的概率也更高。

会服装搭配或电子产品测评的话，可以写出来发布在淘宝、什么值得买、小红书等平台上，把自己打造成达人。时间长了，积累了一些阅读量和粉丝，就会有广告商找你推荐产品，那个时候，你就可以通过接广告来从中赚取佣金。

想写网络文学作品的话，可以去创世中文网、起点中文网、红袖添香、纵横中文网、晋江文学网等平台写小说。现在网络小说可以连载，每天或者每周更新一章，读者付费阅读，每千字可以获得一部分稿费。如果读者喜欢你的文字，保持更新，他们会不断付费阅读你的小说，甚至给你更多打赏。时间长了，如果你的小说很受欢迎，更有可能被平台发掘，升级成签约作者。

外语好的人，可以去有道、语富等平台，领取人工翻译的任务，在非工作时间完成翻译任务，然后提交就可以赚取报酬。当然，也可以去智联等招聘平台找兼职翻译的工作。

会玩游戏也能赚钱。可以在游戏里帮忙代练，也可以在游戏里帮助人家升级打怪。也可以在 B 站等平台进行玩游戏直播。

这里再讲一个朋友的经历。

我因为工作认识了一个北漂女孩，她在某大厂做程序开发工作，也就是我们经常说的“程序媛”。

因为自媒体运营聚会的缘故，我们聊得比较投机。厚厚的眼镜片和有些职业特征的双肩包，并不能掩盖她的文艺范儿。2020年居家办公，让她有了更多时间将自己的思考写成文字，并开始运营自己的豆瓣、知乎和微信公众号，几乎都是关于电影评论的文章。经过将近两年的打磨，她已经成为公众号阅读量“5 万 +”的作者，每个月的推广收入，最高时达到了六位数。

她说，利用业余的时间写东西，刚开始比较艰难，但是保证质量，半年就会有改观，就会有合作推广找上门，继续坚持，一年之后，基本上就可以挑选商业合作方了。

虽然推广收益比不上动辄几十万一篇的头部大号，但是对于刚刚成家，在北京还是租房的小家庭来说，这已经是一个很好的职业外补充。而且，随着读者群体的扩大，她的技能收益将会越来越好。

## 三、更多的思考

如果我们已经通过一项核心技能获得了固定的多元收益，那么就可以安稳地将这项工作精益求精。但是也有一部分读者会思考：做好一个核心技能已经很不容易，那么我们如何才能通过同一个技能获取更高效的收益呢？

技能是多样的，但是每个人的时间是有限的。书本上也曾经告诉过我们，决定商品价值的是社会一般劳动时间，而资本赚取的剩余价值，也就是劳动者的剩余劳动时间。

其实，我们不要这么严肃，回想这些理论，主要是要引出我们对于技能获益进行思考的三个不同阶段。当我们认同“报酬 = 技能 × 时间”这样公式时，就会发现：

技能获益的第一个阶段，就是一份时间只能售卖一次，比如我接到一个写作需求，花了5个小时写作，得到稿费，这5个小时只进行了一次交换，它的价值在获得稿费之后马上让渡消失。

技能变现的第二个阶段，是同一份时间出售很多次，比如我花5小时设计了一个手机主题，并且放在平台上进行出售，版权的价值使用户的每次下载都可以让我获得一份收益。

而最为高级的阶段，是让自己的技能有益于实践的积累，获取丰富的行业信息，同时掌握了需求和生产两端的资源，这时就可以购买他人的时间和服务，低买高出，获得差价。比如一份1 000元的稿件撰写需求，接下来之后，通过800元寻找合适的撰稿者完成，从中赚取200元的差价。

对于这三种模式，并没有特别的推荐，我认为第二阶段、第三阶段比第一阶段更好，它们各有利弊。

第一阶段可能收益固定，但是稳定实在，没有多余风险，劳动成果马上可以变现；第二阶段劳动成果每次变现收益较小，其好处是获益次数和时间没有限制，理论上的收益大于第一阶段；第三阶段看似最为高级，摆脱了劳动时间有限的束缚，可以在单位时间内通过多笔交易获得其他两种方式都无法想象的收益，但对商业才能以及风险预判有着较高的要求。

所以，哪一种模式适合我们，还需要我们自己来进行选择！

## 第五节 适当为你的爱好进行投资

有人会说，没有爱好的人是“可怕”的，因为他们会更加纯粹地追求功利，这是从人性的角度来看。

但是从家庭理财来说，没有爱好的人也是可怕的。因为，他们其实没有追求财富的能力。

投资自己这个概念有些宏大而模糊。在本章的最后一部分，我想让大家对一项最常见，但又最容易忽视的进行投资，那就是自己的爱好。

因为爱好也可能是巨大财富的来源。而且没有比一边做自己喜欢的事情，一边获得收益更加畅快的事情了。

## 一、什么样的爱好值得投资

爱吃爱穿这样的爱好也可以赚钱？答案是肯定的。电影、阅读、美食、旅游、游戏都可以。

有爱好美食的人，非常喜欢吃，能吃还不胖。于是开了个吃东西顺带探店的直播，每天定时直播吃各种东西，或者直播去各个美食店探索美食，半年后积累了不少粉丝，不少零食店主和线下餐厅来找她做广告。

想要通过兴趣爱好获得收益，关键不在于爱好的种类和多少，而在于你的爱好处于哪种层次。心理学上将兴趣分为三类。

感官兴趣是通过直接的感官刺激而产生兴趣，它由外界因素控制，最不稳定。

自觉兴趣是在感官兴趣的基础上，有思维的加入，推动我们产生进一步行动，发展出能力，它由内部控制，相对稳定。

潜在兴趣（也称为志趣）不仅在于有感官和认知能力，还加入了更深一层的内在发动机制——志向与价值观，它也是由内部控制，是三种兴趣中最为稳定的。

在我们的一生当中，能成为感官兴趣的有太多，能成为自觉兴趣的也不少，但真正能让我们坚持一生且乐此不疲的，一定是跟我们价值观结合最紧密的那个。

只有处在自觉兴趣或者潜在兴趣两个层级的兴趣，才能作为商业转化的选择。也就是我们所说的可以投资的爱好。

“买买买”是很多女生都有的爱好和兴趣。那可不可以变为具有价值的爱好呢？答案是肯定的。

我知道满满妈妈的故事是在一次毕业后的同学聚上。她开着一辆高档轿车，成为聚会的焦点人物之一。我们开玩笑问她在哪里发的财？她只说了一句“家里蹲”。由于满满妈妈本人外表靓丽，当我们都默认她是“学得好不如嫁得好”之时，她给我们讲了自己的故事。

满满妈妈本来毕业在银行上班，比较轻松惬意，加之老公收入也很好，其实没有必要做一些兼职。但是，她的“买买买”爱好驱使着她不仅享受物质带来的快乐，而是更加享受“购物挑选”的过程。

特别是小满满出生后，她更是将自己大部分业余经历投到了给孩子选购不同成长阶段的玩具上，可以说自己不知不觉中成为全球儿童玩具的专家。起初是帮自己的亲戚、朋友、同事家宝宝代购，后来干脆开店，兼职干起了海淘生意。

目前，满满妈妈说她大概全网有 10 000 个的固定客户，每次上架新款玩具都会被抢购一空，有的是自己家孩子玩，有的是当礼物。

她还得意地说，现在自己因为工作原因和客户经营，已经没有更多的时间去做进货、发货工作，于是聘请了自己爸妈和公公、婆婆工作，开工资的那种，租了仓库和办公室，按照公司的正规流程处理业务。一段时间，她每个月都要去欧洲或者美国扫货，去谈一些小众的玩具商，做中国的网购代理商，基本上实现了旅游、购物和生意的大圆满。

## 二、如何找到并且培养自己的兴趣

要把兴趣和才华分开。做自己有相关才华的事情容易出成果，但不要误认为那就是你的兴趣。为了找到真正的兴趣和激情，可以先列出自己的爱好清单：看电影、弹吉他、喝奶茶、聊娱乐八卦、玩桌游等。

对着每一项爱好，问几个问题：

你做这件事的时侯是否一直很愉快？

你是不是每天都想做这件事，并且能沉浸其中，总是忽略时间的流逝？

即使遇到问题，你也能想办法克服它，并且依然乐此不疲地坚持做这件事？

只有以上三个问题的答案都为是，才算是你真正的兴趣。找到兴趣之后，同样，你必须付出时间和努力对其进行培养。

喜欢桌游，可以和一帮喜欢玩桌游的朋友玩，研究各类桌游的技巧和策略，进而成为组织者，聚集更多的人一起参与，组织、举办一些活动、通过销售门票来获益。

喜欢看电影，尝试收集电影资源，在网上做分享，研究电影剧本，写影评。

喜欢玩游戏，深入某一方面进行研究，比如提高游戏操作技能、提升游戏解说能力，通过帮人代练账号或者制作游戏通关教程视频来获得报酬。

喜欢喝奶茶，做奶茶探店视频，做奶茶测评直播，可以研究奶茶的口感、配料、调制方法，自己做奶茶。

如果你有什么爱好，不妨以此为模板进行尝试。有了优质的内容之后，如果再配上自己的个性化表现方式，相信不久之后就可以有自己的收获。

美食所蕴含的生意，可谓处处是商机。何女士是我刚工作时就认识了的朋友，她将妈妈接过来一起生活之后，居然发现了小区里的一个大生意。

因为孩子已经上小学，其实老人过来也不需要太多的时间照顾。所以，孩子这位闲不住的姥姥就寻思着要去找个工作，最后在小区里找了帮一个蛋糕店切水果的工作，月薪可以开到4 000元。惊讶之余，何女士就查了下这家做榴梿蛋糕的网络店铺，没想到如此网红的蛋糕店就在小区附近。

一来二去熟悉了之后，何女士也跟这家店的老板娘成了朋友。也许老板娘的故事会对我们也有所启示。她说因为自己爱吃甜品，而且市面上的蛋糕店已经无法满足她，于是她就开始自己动手做，有时候还会做简易的封装，赠送给自己的同事或者孩子同学的家庭，没想到收获了一致好评，大家半开玩笑地说“你的手艺都能开店了！”

说者无意，听者有心。一家只在周末营业的私房甜品店就这么诞生了，特别是主打的榴梿芒果胚心蛋糕收获了一众粉丝。目前，这家私房蛋糕店已经成为不少甜品爱好者的私藏店铺。

## 三、通过兴趣获益的途径

兴趣是爱好，也是资产；兴趣是资产，亦是财富的来源。在这里，我们也将兴趣变现的各种途径通过举例的方式与大家共同分享，希望大家能够举一反三。

利用兴趣获得的技能赚钱。如果你热爱播音主持，你可以去喜马拉雅当主播；也可以在专门接单录音的一些网站上传自己的小样，来吸引不同需求的客户；还可以在专门招聘兼职的网站上主动寻找录音的兼职工作。

给有相同兴趣的人提供产品或服务。如果你擅长学习考试，拥有多个含金量超高的资质证书，你可以将自己从零基础到成功考证的技巧分享在豆瓣兴趣小组和知乎相关的话题下，通过付费提问为那些咨询考试技巧的人提供一对一的付费问答服务；还可以将所有平时练习的资料上传到百度文库，申请开通有偿下载功能，供大家使用。

成为组织者，运营兴趣社群。如果你精通桌游，可以在豆瓣开桌游活动小组，经常发帖介绍每款桌游的游戏规则、玩法技巧，这样就会有很多同样兴趣的陌生人也加入小组；接下来，可以尝试举办小规模的线下桌游活动。

活动结束后，把线下活动的信息反馈到社群中，鼓励参加的人写活动的内容和收获，以此吸引更多的社群成员；和几个朋友一起承担线下活动的组织，策划流程、定场地、宣传活动，然后向社群推广，销售门票，从中收取服务费。

写在结尾的话：

平凡的工作、琐碎的家庭生活是每个人都要面对的，为柴米油盐酱醋茶而忧虑是人生的常态。本章中，我们一起尝试着寻找、分享家庭生活之外的理财技能，也许不能马上改变每一个读者的收入状况，但如果认真去体会，绝对有不一样的收获。

家庭，并不是奋斗的终点，也不是奋斗的负累，而是港湾，是再次起航的全新起点。